高等职业教育“十四五”规划教材



# 数字农业技术项目化教程
# （配套手册）

徐佩锋　严　方　主编

中国农业大学出版社
·北京·

## 内 容 简 介

本教材为《数字农业技术项目化教程》主体教材的配套手册，以活页式的形式装订。主要内容为主体项目化教材对应各子任务的过程记录表、任务考核评价表、指导知识、帮助文件、在教学过程中形成的典型案例等，可以根据技术进展和授课对象不同进行调整，过程中形成的相对成熟的内容和案例，可以在后续主体教材改版时及时增加，这种相对灵活的形式一方面方便教师授课使用，另一方面也适应了教学内容持续更新的需要。

**图书在版编目(CIP)数据**

数字农业技术项目化教程：配套手册 / 徐佩锋，严方主编 . --北京：中国农业大学出版社，2023.12

ISBN 978-7-5655-3117-0

Ⅰ.①数… Ⅱ.①徐… ②严… Ⅲ.①数字技术－应用－农业技术－高等职业教育－教材 Ⅳ.①S126

中国国家版本馆 CIP 数据核字(2023)第 234067 号

**书　　名**　数字农业技术项目化教程(配套手册)

**作　　者**　徐佩锋　严　方　主编

**策划编辑**　张　玉　　**责任编辑**　张　玉
**封面设计**　中通世奥图文设计中心
**出版发行**　中国农业大学出版社
**社　　址**　北京市海淀区圆明园西路 2 号　　**邮政编码**　100193
**电　　话**　发行部 010-62733489，1190　　读者服务部 010-62732336
　　　　　　编辑部 010-62732617，2618　　出　版　部 010-62733440
**网　　址**　http://www.caupress.cn　　**E-mail**　cbsszs@cau.edu.cn
**经　　销**　新华书店
**印　　刷**　运河(唐山)印务有限公司
**版　　次**　2024 年 1 月第 1 版　　2024 年 1 月第 1 次印刷
**规　　格**　185 mm×260 mm　　16 开本　　14.75 印张　　368 千字
**定　　价**　45.00 元

# 编写人员


**主　编**　徐佩锋（江苏农林职业技术学院）

　　　　　严　方（江苏农林职业技术学院）

**副主编**　刘晓宇（江苏农林职业技术学院）

　　　　　陆红飞（江苏农林职业技术学院）

**参　编**　蒋其友（江苏农林职业技术学院）

　　　　　潘　维（江苏农林职业技术学院）

　　　　　李国晓（江苏农林职业技术学院）

　　　　　李　娜（江苏农林职业技术学院）

　　　　　谭筱玉（江苏农林职业技术学院）

　　　　　孙　健（江苏农林职业技术学院）

　　　　　李守学（江苏农林职业技术学院）

　　　　　杨　宁（江苏大学）

　　　　　张保华（南京农业大学）

　　　　　苗　珍（南京科沃信息技术有限公司）

　　　　　陈远亮［宝地丰（南京）科技有限公司］

# 前　言

数字农业被称为颠覆性技术，联合国全球契约组织在其颠覆性技术执行简报数字农业专栏上提出的口号是："供养未来（Feeding the Future）"，目标是保障未来的粮食供给。我国充分重视新时期农业农村的数字化转型，党的十八大作出实施大数据战略和数字乡村战略、大力推进"互联网 +"现代农业等一系列重大部署安排。党的二十大报告指出，加快建设农业强国。农业农村部、中央网信办印发了《数字农业农村发展规划（2019—2025 年）》，对新时期推进数字农业农村建设作出明确部署。

在多年的教学实践中，编者遇到学生或学员提问最多的问题就是"智慧农业、信息农业或数字农业究竟是啥样的"？仅仅通过口头的描述来回答此问题总显得底气不足。为此，经过充分的准备，加上近年来数字信息技术在农业领域应用的显著性增长，内外因共同作用，为我们提供了必要的素材，《数字农业技术项目化教程》的编写便水到渠成。教程结合最新农业数字化技术员职业岗位需求，总结提炼岗位知识、技能和素养目标，以场景式项目化实战的形式组织教学内容，强调技术的落地应用，切实帮助学生更好地理解、掌握和创新运用所学知识。涉农专业毕业生作为今后最大概率会充实到农业生产管理一线的后备力量，先进的科技意识和超强的实践能力将能更好地促进工作，他们将成为推动我国农业农村数字化转型的中坚力量。

在教学过程遇到的另一个问题是对教学内容需求的层次差异，和信息类专业的学生不同，农学类专业的学生对专业性很强的电子信息技术知识不可能也没必要深入理解。为此，本教程采取了主教材与辅教材配套的形式，主教材按照项目→任务→学习产出→学习测评的流程组织教学内容，内容选取按照由易到难、由浅入深、循序渐进的思路，共设计 8 个场景式项目，基本上覆盖数字农业技术的主要要素，每个项目分设的 2～4 个任务则按一定的逻辑关系组织，或同类并列，或逐级递进，每个任务配套提供知识链接、微课、素材和实验数据集等，以立体化呈现的方式，方便老师组织教学和学生学习的开展。配套辅助教材则设计有任务记录表、任务考核评价表，以及需要增加或深入的教学内容等，以活页式教材的形式呈现，其内容可随时增加和替换，教学时可根据教学对象视需要抽取，使用上更加灵活。

本教程项目 1 由徐佩锋、严方执笔，项目 2 由徐佩锋、刘晓宇、李娜执笔，项目 3 由陆红飞、蒋其友执笔，项目 4 由刘晓宇、李守学执笔，项目 5 由徐佩锋、潘维执笔，项目 6 由孙健、徐佩锋执笔，项目 7 由严方、李国晓执笔，项目 8 由徐佩锋、谭筱玉执笔。在编写过程中还得到了参编学校的大力支持，特别是江苏大学杨宁、南京农业大学张保华为本教程提出了很多有价值的建议，百度 AI 开放平台运营团队、浙江托普云农科技股份有限公司、南京科沃信息技术有限公司等企业提供了优秀的案例和素材。本书由江苏农林职业技术学院郭正兵审定。同时编写人员还查阅了大量的国内外文献，并引用了其中一些重要的文献资料，由于篇幅有限，不能一一列举，在此一并表示诚挚的谢意。

由于数字农业技术的研究和应用目前尚处于探索发展阶段，相关理论和技术还需要进一步完善，同时教程所涉及内容广泛，限于编者的学识水平，书中难免存在疏漏和不足之处，敬请广大读者批评指正。

编　者

2023 年 7 月

# 目　录

# 项目 1
# 数字农业技术应用案例展示

## 1-1　古林大田数字农业案例探究任务概要

<table>
<tr><td rowspan="3">知识、技能、素养目标</td><td>知识目标</td><td>1. 理解数字农业的概念。<br>2. 了解数字农业的关键技术和核心要素。<br>3. 了解数字农业的主要研究内容。<br>4. 了解数字农业发展应用现状和发展趋势。</td></tr>
<tr><td>技能目标</td><td>1. 熟悉数字农业的相关专业术语。<br>2. 掌握各类数字技术的基本原理。<br>3. 运用数字技术基础理论分析实际问题的能力。</td></tr>
<tr><td>素养目标</td><td>1. 培养团队协作精神。<br>2. 培养爱农、知农、兴农情怀。<br>3. 培养创新思考精神。</td></tr>
<tr><td colspan="2">情境描述</td><td>古林大田数字农业项目是由宁波市海曙区农业农村局、古林镇联合托普云农等多家单位联合打造的高标准农田“无人农场”样板工程项目，是国家首批、华东地区唯一的优质高效水稻大田种植数字农业技术集成示范项目。<br>项目以“农机可视化、种植信息化、灌溉智能化”等为核心，通过智能化装备、场景化应用，构建农机精准作业、病虫害联动测报与防控、智能适墒灌溉，实现农业种植节本增效、生态友好。这套完整的水稻精准化种植技术体系，成功打造了“育—耕—种—管—收—烘干”全流程可视化自动生产加工，探索了现代农业新型生产方式，为浙江乃至华东地区重要的水稻大田种植的数字技术提供了推广示范作用。</td></tr>
<tr><td colspan="2">学习内容</td><td>初步了解数字农业的关键技术和核心要素，开展文献搜索，了解我国农业数字化进程的现状和发展趋势，了解国家的深入推进农业数字化建设的相关政策，捕捉难点和痛点，思考如何利用现代科技手段深化改造传统农业的途径和方法。</td></tr>
</table>

续表

| | |
|---|---|
| 任务流程 | 步骤 1:阅读案例材料。<br>步骤 2:观看视频资料。<br>步骤 3:阅读知识链接。<br>步骤 4:小组讨论。<br>步骤 5:提交学习报告。 |
| 学习产出 | 1. 小组讨论发言;<br>2. 学习报告。 |
| 评价反馈 | 结合课堂讲解和网络平台资源完成任务,评价指标详见教材活页 1-1-2,任务要点:<br>1. 完成大田数字化案例的学习。<br>2. 小组成员查阅资料,共同探讨数字农业的国家政策、现状和发展趋势。<br>3. 对提出的问题能够结合理论和实践进行分析。<br>4. 提出合理化建议和意见。 |
| 附件 | 1. 任务过程记录。<br>2. 任务考核评价表。<br>3. 知识链接——数字农业的起源。 |

## 1-1-1　古林大田数字农业案例探究任务记录表

| 序号 | 任务内容 | 要点记录 | 完成时间 | 备注 |
|---|---|---|---|---|
| 1 | 教材内容阅读 | | | |
| 2 | 视频及其他材料 | | | |
| 3 | 知识链接及拓展材料阅读 | | | |
| 4 | 小组讨论 | | | |
| 5 | 学习报告 | | | |

## 1-1-2 任务考核评价表

| 序号 | 评价指标 | 评价依据 | 评分标准 | 评价 |
|---|---|---|---|---|
| 1 | 工作态度 | 1. 教材内容阅读<br>2. 小组讨论<br>3. 流程记录 | 见附录 | |
| 2 | 工作质量 | 1. 过程记录<br>2. 课堂互动<br>3. 讨论发言<br>4. 学习报告 | 见附录 | |
| 3 | 过程评价 | 1. 过程记录完备<br>2. 过程记录具有思考性 | 见附录 | |
| 4 | 工作效率 | 任务完成时间记录排名 | 见附录 | |
| 5 | 交流交互 | 课堂环节和小组讨论具有交流交互 | 见附录 | |
| 6 | 创新思维 | 创新创意的实用性与实践性 | 见附录 | |
| 总分 | | | | |

## 1-1-3 知识链接

### 数字农业的起源

数字农业(digital agriculture)的定义可概括为:用数字化技术,按人类需要的目标,对农业所涉及的对象和全过程进行数字化和可视化的表达、设计、控制及管理的农业。农业生物环境信息快速获取、无线传感器网络、智能化信息实时处理和控制技术等数字农业技术的发展与广泛应用,对于促进实现作物生产按需管理的重大突破,提升农业生产效能具有重要意义。

数字农业的概念源于"数字地球"。"数字地球"是美国前副总统戈尔于1998年1月在加利福尼亚科学中心开幕典礼上发表的题为"数字地球——认识二十一世纪的地球"演说时,提出的一个与GIS、网络、虚拟现实等高新技术密切相关的概念。在戈尔的演说中,他将数字地球看成是"对地球的三维多分辨率表示,它能够放入大量的地理数据"。在接下来对数字地球的直观实例解释中可以发现,数字地球是关于整个地球、全方位的GIS与虚拟现实技术、网络技术相结合的产物,数字地球的核心思想是用数字化的手段来处理整个地球的自然和社会活动诸方面的问题,最大限度地利用资源,并使普通百姓能够通过一定方式方便地获得他们所想了解的有关地球的信息,其特点是嵌入海量地理数据,实现多分辨率、三维对地球的描述,即"虚拟地球"。数字地球以计算机技术、多媒体技术和大规模存储技术为基础,以宽带网络为纽带,运用海量地球信息对地球进行多分辨率、多尺度、多时空和多种类的三维描述,并利用它作为工具来支持和改善人类活动和生活质量。显然,一个如此浩大的工程,任何一个政府组织、企业或学术机构,都是无法独立完成的,它需要成千上万的个人、公司、研究机构和政府组织的共同努力。数字地球要解决的技术问题,包括计算机科学、海量数据存储、卫星遥感技术、宽带网络、互操作性、元数据等。

在人类所接触到的信息中,有80%与地理位置和空间分布有关,数字地球不仅包括高分辨率的地球卫星图像,还包括数字地图以及经济、社会和人口等方面的信息空间信息与数字技术是运用计算机软件技术、通信技术,综合研究空间信息数字化、网络化、可视化和智能化的工程理论与技术科学。它将空间信息的各种载体向数字载体转换,通过网络通信技术加载到各个专业领域,支持各行业数字工程的实现,如数字国防、数字政府、数字国土、数字规划、数字电力、数字水利、数字公安、数字交通、数字农业等。

现代农业要求通过走集约化的道路,实现高产、优质、高效、生态安全的无污染农业发展目标,这就要依托数字地球技术。例如,可为农民及时、快速地提供家庭农场的农情遥感专题图,农民在计算机网络终端上可以从专题图中获得农田里庄稼的长势征兆,进一步通过集成土壤养分空间分布等基础地理信息和农学模型,在GIS空间分析功能的支持下,生成精细管理处方图,然后在车载GPS和电子地图指引下,采用现代化的变量作业机械实施农田作业,及时地预防病虫害,把杀虫剂、化肥和水等生产资料及时应用到需要的田块和区域;同时不产生化学残留物污染土地、粮食和种子,实现真正的绿色农业,这就是由数字地球概念延伸出的数字农业的原型。

数字农业将工业可控生产和计算机辅助设计的思想引入农业,把信息技术作为农业生产力的要素,参与到农业各个环节中并使之成为不可缺少的组成部分。发展数字农业是构建和发展我国农业高技术体系的必然选择，通过数字农业技术的广泛应用，用数字化的技术重塑现代农业，从根本上改变传统农业落后的面貌，将有力地推动农业发展方式的转变和农业生产与农村经济结构调整的优化，对我国推动现代农业进程具有重要意义。由此可见，数字农业将是我国在 21 世纪建设资源节约型、环境友好型现代农业的重大战略选择。

# 1-2 蔬菜无人工厂案例探究任务概要

| | | |
|---|---|---|
| 知识、技能、素养目标 | 知识目标 | 1. 理解蔬菜无人工厂的概念。<br>2. 了解蔬菜无人工厂的类型和关键技术。<br>3. 了解蔬菜无人工厂的主要研究内容。<br>4. 了解蔬菜无人工厂发展应用现状和发展趋势。 |
| | 技能目标 | 1. 熟悉农业无人工厂的相关专业术语。<br>2. 掌握各类数字技术的基本原理。<br>3. 运用数字技术基础理论分析实际问题的能力。 |
| | 素养目标 | 1. 培养团队协作精神。<br>2. 培养爱农、知农、兴农情怀。<br>3. 培养创新思考精神 |
| 情境描述 | | 近年来,随着5G建设提速和大规模商用,智能无人技术越来越先进,应用领域也越来越广,无人自选超市、无人饺子工厂、无人物流分拣等应用场景得到快速发展,在这些无人智能技术中农业也首当其冲,全智能的蔬菜工厂就是其中一个非常好的案例。<br>一粒小种子长成一棵绿蔬菜,从播种、育苗、移栽、运输、栽培、采收等生产全程无人化作业,完美结合工艺与农艺,可以增加单产量、减少劳动力、实现智能化管控。集观光、生产功能于一体的"蔬菜工厂"已经来到我们身边。本任务通过几个案例,来领略这一新生事物的魅力。 |
| 学习内容 | | 通过观看视频资料完成,内容主题是蔬菜无人工厂相关技术的展示,共有3个视频,涉及国内和国外,通过比较学习,结合国家方针政策,思考当前影响设施农业发展的关键技术因素,以及资金、产业链等相关问题,进一步检索资料,整理思路,开展小组讨论,明确学习的目标。 |
| 任务流程 | | 步骤1:阅读案例材料。<br>步骤2:观看视频资料。<br>步骤3:阅读知识链接。<br>步骤4:小组讨论。<br>步骤5:提交学习报告。 |
| 学习产出 | | 1. 小组讨论发言;<br>2. 学习报告。 |
| 评价反馈 | | 结合课堂讲解和网络平台资源完成任务,评价指标详见教材活页1-2-2,任务要点:<br>1. 完成蔬菜无人工厂案例的学习。<br>2. 小组成员查阅资料,共同探讨数字农业的关键技术和学习路径。<br>3. 对提出问题能够结合理论和实践进行分析。<br>4. 提出合理化建议和意见。 |
| 附件 | | 1. 任务过程记录。<br>2. 任务考核评价表。<br>3. 知识链接——数字农业技术发展趋势。 |

## 1-2-1 蔬菜无人工厂案例探究任务记录表

| 序号 | 任务内容 | 要点记录 | 完成时间 | 备注 |
|---|---|---|---|---|
| 1 | 教材内容阅读 | | | |
| 2 | 视频及其他材料 | | | |
| 3 | 知识链接及拓展材料阅读 | | | |
| 4 | 小组讨论 | | | |
| 5 | 学习报告 | | | |

## 1-2-2 任务考核评价表

| 序号 | 评价指标 | 评价依据 | 评分标准 | 评价 |
|---|---|---|---|---|
| 1 | 工作态度 | 1. 教材内容阅读<br>2. 小组讨论<br>3. 学习报告 | 见附录 | |
| 2 | 工作质量 | 1. 过程记录<br>2. 课堂互动<br>3. 讨论发言<br>4. 学习报告 | 见附录 | |
| 3 | 过程评价 | 1. 过程记录完备<br>2. 过程记录具有思考性 | 见附录 | |
| 4 | 工作效率 | 任务完成时间记录排名 | 见附录 | |
| 5 | 交流交互 | 课堂环节和小组讨论具有交流交互 | 见附录 | |
| 6 | 创新思维 | 创新创意的实用性与实践性 | 见附录 | |
| 总分 | | | | |

## 1-2-3 知识链接

### 数字农业技术发展趋势

预计今后20年左右的时间，数字农业中的前沿领域应有以下几方面发展趋势。

**1. 农业信息获取技术**

农业动植物环境信息复杂多变，难以快速获取，但随着现代电子和信息技术的快速发展，信息获取的技术和手段将越来越多而先进。这些技术应用到农业信息获取领域，从多源多尺度角度研究种养殖环境监测技术（包括空气、土壤、水肥环境监测技术与设备，信息融合、同化、理解与解析技术），作物生理信息监测与病害机理检测技术（包括作物叶绿素、叶片含水量等生理信息及病虫害的监测技术与设备，信息融合、同化、理解与解析技术），以及畜禽、水产动物行为监测与疾病诊断技术，将成为今后研究的热点，形成“天—地—网”一体化的农业信息获取体系：

- 天——航天航空遥感地表信息获取；
- 地——地面定位观测站点获取的动植物信息，农田土壤、水、环境信息，气象和农田小气候信息；
- 网——地面传感器网信息和网络搜索抓取的其他农业信息等。

**2. 农业精细管理技术**

面向精细农业管理的需求，今后趋向于研究作物生长机理模型，从生理生态功能与形态模型相结合的角度模拟作物的生长发育，向解决机理性和通用性方向发展：研究作物生长模型、3S技术和其他信息技术相集成应用的农业资源监测与管理的技术。

**3. 智能化装备**

农业技术集成化、劳动过程机械化、生产经营信息化是现代数字农业的重要特征。因此，面向大田作物精细作业的需要，开发支撑精细整地、播种、施肥、施药、灌溉、收获等农业生产全过程的重大机具产品：面向设施农业生产智能监控和管理的需要，开发设施农业生产精细智能作业装备及配套技术、设施农业生产智能监测调控技术系统以及设施农业智能机器人技术，将是今后重要的研究内容。

**4. 国家农业信息服务网络**

网络农业信息资源为农民提供了政策报告、新闻发布、农产品市场形势和预测、农产品价格公报、农业统计信息和研究报告等多样化的海量信息资源。制定农业信息共享的国家标准，开发农业海量数据共享管理的技术，研发农业网格信息的智能抽取与分析技术，建设面向农业专题信息智能搜索的农业本底库，解决好农业信息的“最初一公里”与“最后一公里”的关键共性问题，是今后研究的重点。

**5. 农业物联网技术**

所谓物联网，就是利用传感器、射频标签和智能网络，在种种物品间建立联系，实现人对物或物对物的互动。它的核心是：每件物品都可以被追踪、与其通信和对其进行控制。物联网被认为是继互联网之后下一个万亿级的信息产业。农业物联网产业规模正在快速增长，是未来经济发展的一个重要方向。农业物联网的发展将进一步拓展整体物联网的应用发展空间，市场前景十分广阔。

### 6. 农业人工智能

人工智能作为当今科技的前沿技术已经深入到各行各业之中，在农业领域的大规模应用也终将实现。在可预见的未来，基于农业大数据的人工智能技术将充分展现其优势，从信息感知、定量决策、智能控制、远程诊断、病虫害预测预报等方面帮助农业有效提升农业资源利用效率、提高农作物产量和品质、降低生产成本、改善农业生态环境，助力农业可持续发展。在全新智慧农业生产体系下，当各项技术手段开始走向规模化应用时，人工智能也将成为新农人们最可靠的“新农具”之一。

### 7. 农业虚拟化科研信息环境

2000 年，英国科学家提出了 e-Science 的概念，即建立一个基于 Internet 的全新信息化科研环境，解决科学研究中处理问题的规模和可扩展性，实现不同节点的异实验平台数据设备共享，虚拟化科研环境是随着网络信息技术的发展而提出的，其目的是利用先进的网络设施和信息化手段，使人、工具和信息有机地连接起来，以消除科学研究中因地域、时间、团队和学科领域造成的壁垒。随着农业科研的不断深化，以及信息技术的不断发展，农业科研活动呈现出以下发展趋势：

(1) 农业科学研究越来越强调多学科交叉合作跨学科、跨地域合作研究已经成为重大科技成果涌现的重要基础。

(2) 科研过程中信息和数据的及时获取和处理显得越来越重要，仿真和大规模计算也成为科学研究过程中分析、发现和预测的主要手段之一。

(3) 信息化时代也更加强调科学家和科研团队之间更加密切的合作和交流，这种合作和交流可能跨单位、跨学科，也可能跨地域、跨国家。

因此，将虚拟化科研环境引入农业科研活动，建立虚拟农业科研环境符合当今世界科学研究的趋势。

# 1-3 无人农场的信息采集需求分析任务概要

| | | |
|---|---|---|
| 知识、技能、素养目标 | 知识目标 | 1. 了解水稻种植无人农场的信息采集需求。<br>2. 了解水稻种植无人农场的信息采集关键技术。<br>3. 了解无人农场信息采集的数字系统优势与可期望贡献。<br>4. 掌握无人农场的常规信息采集技术范畴。 |
| | 技能目标 | 1. 能根据水稻种植无人农场的信息采集需求配置信息采集技术。<br>2. 能通过网络咨询信息列出信息采集技术的核心设备。<br>3. 能根据水稻生产管理流程形成技术分析表。 |
| | 素养目标 | 1. 培养团队协作精神。<br>2. 培养爱农、知农、兴农情怀。<br>3. 培养创新思考精神。 |
| 情境描述 | | 小刘在江苏省扬中市管理5 000亩的现代水稻种植农场。与东北的大面积农场不同的是，小刘管理的5 000亩农场分布在不同的村落区域。作为一名典型的中国式现代农业新型农业经营主体，小刘准备对农场进行数字化改造，为此需要及时了解管辖的田亩生产与经营状况。 |
| 学习内容 | | 1. 无人农场的相近信息采集需求归纳分析。<br>2. 无人农场的常规信息采集技术与设备。<br>3. 无人农场的信息采集与数字应用期望。<br>4. 无人农场的数字化技术路径。 |
| 工作流程 | | 步骤1：通过网络整理出水稻种植无人农场的信息需求。<br>步骤2：根据信息需求及知识背景确定关键设备名称，并通过咨询信息对关键技术实现进行花费预测。<br>步骤3：对无关键设备信息技术进行关键内容设计。<br>步骤4：对咨询后信息进行归纳分析，形成水稻无人农场的技术方案，并将关键技术信息整理。 |
| 学习产出 | | 根据无人农场的规划以及水稻种植大户的需要，为种植大户的信息需求采集选择的数字化技术方案，并通过淘宝、阿里巴巴、京东等购物网站，配置合适的关键产品，同时对关键产品进行技术分析，形成简要的技术需求方案。 |
| 评价反馈 | | 结合课堂讲解和网络平台资源完成任务，评价指标详见教材活页1-3-2，任务要点：<br>1. 完成水稻种植无人农场的信息采集需求分析。<br>2. 小组成员查阅资料，共同讨论完善需求方案。<br>3. 对提出问题能够结合理论和实践进行分析。<br>4. 提出合理化建议和意见。 |
| 附件 | | 1. 任务过程记录。<br>2. 任务考核评价表。<br>3. 知识链接——无人农场及关键技术，无人农场信息采集内容参考。 |

## 1-3-1 无人农场信息采集方案设计任务记录表

| 序号 | 信息需求 | 信息关键技术或关键设备 | 当前发展状况 | 预计花费 |
|---|---|---|---|---|
| 1 | 稻田水位监测 | | | |
| 2 | 稻田产量无人机预测 | | | |
| 3 | 稻田生长长势无人机监测 | | | |
| 4 | 施肥、施药、灌溉、插秧、收割、翻耕、浆田、除草、脱粒、包装、运输设备定位 | | | |
| 5 | 施肥、施药、灌溉、插秧、收割、翻耕、浆田、除草、脱粒、包装、运输设备工作状态采集 | | | |
| 6 | 稻田无人机病害监测 | | | |
| 7 | 稻田虫情预警地方政府服务接口开发 | | | |
| 8 | 稻田土壤肥力监测 | | | |
| 9 | 稻田生产物资自动出入库管理 | | | |
| 10 | 稻米临时仓储与风干监测 | | | |
| 11 | 稻米自动脱粒及包装（0.5 t/h） | | | |
| 12 | 无人机生物药施用监测 | | | |
| 13 | 稻田杂草监测 | | | |
| 14 | 稻田虫情测报 | | | |
| 15 | 稻田天气预报获取 | | | |
| 16 | 稻米市场价格分布获取 | | | |
| 17 | 稻谷种植信息获取 | | | |
| 18 | 地方稻谷种植政策获取 | | | |
| 19 | 中央政府稻谷种植政策获取 | | | |
| 20 | 稻谷种植专家远程指导信息获取 | | | |
| 21 | 稻谷种植技术或者论文获取 | | | |

## 1-3-2 任务考核评价表

| 序号 | 评价指标 | 评价依据 | 评分标准 | 评价 |
|---|---|---|---|---|
| 1 | 工作态度 | 1. 关键设备的技术信息 5 条<br>2. 设备报价溢价 10 倍以内<br>3. 创新创意小卡片 1 张 | 见附录 | |
| 2 | 工作质量 | 1. 所用技术合格率<br>2. 技术报价结果正确率 | 见附录 | |
| 3 | 过程评价 | 1. 过程记录完备<br>2. 过程记录具有思考性 | 见附录 | |
| 4 | 工作效率 | 实践时间记录排名 | 见附录 | |
| 5 | 交流交互 | 过程记录具有交流交互 | 见附录 | |
| 6 | 创新思维 | 创新创意的实用性与实践性 | 见附录 | |
| 7 | 安全意识 | 实践过程中的人身安全与设备安全防护 | 见附录 | |
| 总分 | | | | |

## 1-3-3 知识链接

### 无人农场及关键技术

无人农场就是人工不进入农场的情况下，采用物联网、大数据、人工智能、5G、机器人等新一代信息技术，通过对农场设施、装备、机械等远程控制或智能装备与机器人的自主决策、自主作业，完成所有农场生产、管理任务的一种全天候、全过程、全空间的无人化生产作业模式。无人农场的本质是实现机器换人。

2022 年 5 月 18 日，由工业和信息化部指导，我国发布的首个智能农机技术路线图指出，到“十四五”末期，我国平原地区主要粮食作物将全面普及以导航技术为主、具备自动行走能力的智能农机装备，在集中连片的大型平原地区农场，具备高度自主行走能力的智能农机、完全自主行走能力的农机将成为作业主力，形成一批商业化的无人农场。2022 年 5 月，贵州首个水稻无人农场在剑河县正式投入运营。2022 年 5 月 29 日，北京海淀正式启动首个京西稻无人农场建设，将实现京西稻种植由传统人工管控到远程数字化、智能化管控，打造农业生产新场景。

作为智慧农业的应用项目之一，无人农场是一种农业生产的管理模式，通过对农业生产资源、环境、种养对象、装备等各要素的在线化、数据化，实现对种植、养殖对象的精准化管理、生产过程的智能化决策和无人化作业，其中物联网、大数据与云计算、人工智能与机器人三大技术起关键性作用，除此以外，还需要更多项技术的参与、复合式应用才能实现。

**1. 生物技术**

由于无人农场的作业全过程由农机执行，因此需要先培育出适合机械化、规模化种植的作物品种。举个例子：番茄，需要果实采摘期植株高度相当、果实大小类似、成熟时色泽相差不大等，简言之，就是一个种植单位面积，番茄的特征拥有类似的特征，适合批量化采摘等作业，便于统一种植模式、进行农艺管理等。

**2. 智能农机**

智能农机的实现需要传感器等感知设备监测、无人驾驶技术自动化运行、精准作业执行精细化调控、智能化管理发挥大脑作用，并将这些技术应用在收割机、播种机、撒药机、水肥机等作业机械上。

目前，传感器已经在智慧农业、设施农业等领域中得到应用，通过传感器在线收集涉及农业生产的各项数据，包括土壤（墒情、养分、松疏度、颗粒度等）、作物生长状态、作物种植环境、病虫害、机械状况、驾驶员身体状态（比如疲劳度、血糖水平、体温）、机械行驶路线、速度等信息。

无人驾驶技术的实现涉及导航定位、遥控、油门自动调节、自动操控、自动避障、系统集成控制、监控终端等技术，是实现无人农场的关键技术。无人驾驶技术在国内已经进入应用阶段，目前应用中以自动导航、辅助驾驶为主。

**3. 信息技术**

主要包括无线通信传输、物联网、逻辑控制等技术，是实现农场无人化作业和管理的基础和底层，相当于无人农场运行的软件。

无人农场，作为农业生产的组织方式和生产模式，是未来农业的发展方向，目前仍在模式探索阶段，部分技术与应用已经在市场上得到应用，比如大田农业智能灌溉、智能温室大棚、农业气象环境监测、多场景节水灌溉等项目，在山东寿光、市政绿化等场景中都有应用。智慧农业，已经在向我们招手了。

## 无人农场信息采集内容

**1. 生产过程中的信息采集需求**

(1) 田间水稻的长势是否与生长预期一致。水稻施肥是根据水稻栽种的时长以及生长期望进行定量分析的。传统的施肥由经营农户到田间定期查看水稻的株高、茎粗等信息，结合水稻栽种的时长以及过往的种植经验，进行定量给肥。显然小刘管理 5 000 亩田需要数十名经验丰富的农业工作者，才能完成施肥定量分析工作。

(2) 水稻的预期产量。种植大户的水稻利润来自于稳定的高端客户定制，小刘的水稻主要供应某香醋加工厂，测产可以为客户提供供应量预估。显然小刘管理 5 000 亩田需要数名经验丰富的农业工作者采集各类数据，才能精准完成 5 000 亩田的测产工作。

(3) 病虫害。 种植大户的水稻产量风险来自于病虫害防治，因为高端客户定制，种植大户的水稻以绿色水稻为主，病虫害通常采用物理防治和绿色防治，更需要在水稻病虫害发生早期进行预警与处置。显然小刘管理 5 000 亩田需要数十名经验丰富的农业工作者，才能完成病虫害早期预警分析工作。

(4) 稻田水位。 稻田管水管肥是大田种植成功的关键。如果说水稻长势监测是施肥的重要依据，那么稻田水位监测就是灌溉的重要依据。显然，小刘管理 5 000 亩田需要数十名经验丰富的农业工作者，才能完成稻田水位管理工作。

(5) 人员、设备位置。5 000 亩大田分布在扬中市各处，无人农场并非指农场没有人，而是指农场的核心作业均为无人作业。对于稻田而言，核心作业有施肥、施药、灌溉、插秧、收割、翻耕、浆田、除草、脱粒、包装、运输。因此管理者对于人员、设备的定位有利于员工或机械的协同分工决策与调度。

**2. 农业生产信息资源**

(1) 农业气象信息。农业气象信息对于无人农场非常关键，是进行农事的关键信息。譬如根据天气预报进行灌溉、施肥以及气象灾害预防。

(2) 水稻种植技术。水稻种植技术包括一些水稻种植技术文献、水稻种植地方政策、水稻种植国家政策、水稻的品种信息等。

(3) 农机具租赁价格，农机具租用服务价格，农业技术人员信息等。

**3. 农业销售信息资源**

(1) 水稻历史销售价格、稻米市场形势和预测、稻米价格公报、各地水稻种植统计信息和研究报告等。

(2) 水稻相关的农资历史销售价格、农资市场形势和预测、农资价格公报。

(3) 水稻绿色种植肥质量、用肥成效评估、绿色防治技术质量、绿色防治评估。

# 1-4 无人农场的无人作业需求分析任务概要

| | | |
|---|---|---|
| 知识、技能、素养目标 | 知识目标 | 1. 了解水稻种植无人农场的无人作业需求。<br>2. 了解水稻种植无人农场的无人作业关键技术。<br>3. 了解无人农场无人作业的数字系统优势与可期望贡献。<br>4. 掌握无人农场的无人作业技术范畴。 |
| | 技能目标 | 1. 能根据水稻种植无人农场的无人作业需求配置无人作业设备。<br>2. 能通过网络咨询信息列出无人作业设备的核心设备。<br>3. 能根据水稻无人作业的生产流程形成技术分析表。 |
| | 素养目标 | 1. 培养团队协作精神。<br>2. 培养爱农、知农、兴农情怀。<br>3. 培养创新思考精神。 |
| 情境描述 | | 小刘在江苏省扬中市管理5 000亩的现代水稻种植农场。与东北的大面积农场不同的是，小刘管理的5 000亩农场分布在不同的村落区域。作为一名典型的中国式现代农业新型农业经营主体，小刘准备对农场进行数字化改造，为此需要及时了解管辖的田亩生产与经营状况。 |
| 学习内容 | | 1. 无人农场的无人作业技术采集需求归纳分析。<br>2. 无人农场的常规的无人作业技术与设备。<br>3. 无人农场的无人作业设备与数字应用期望。<br>4. 无人农场的无人作业技术路径。 |
| 工作流程 | | 步骤1：通过网络整理出水稻种植无人农场的无人作业需求。<br>步骤2：根据无人作业需求及知识背景确定关键设备名称，并通过咨询信息对关键技术实现花费预测。<br>步骤3：对无关键无人作业设备技术进行关键内容设计。<br>步骤4：对咨询后信息进行归纳分析，形成水稻无人作业的技术方案，并将关键技术信息整理。<br>步骤5：形成水稻种植无人农场的无人作业技术方案。 |
| 学习产出 | | 根据无人农场的规划以及水稻种植大户的需要，为种植大户的无人作业需求采集选择的无人作业技术方案，并通过淘宝、阿里巴巴、京东等购物网站，配置合适的关键产品，同时对关键产品进行技术分析，形成简要的技术需求方案。 |
| 评价反馈 | | 结合课堂讲解和网络平台资源完成任务，评价指标详见教材活页1-4-2，任务要点：<br>1. 完成无人农场的无人作业需求分析。<br>2. 小组成员查阅资料，共同讨论完善需求方案。<br>3. 对提出问题能够结合理论和实践进行分析。<br>4. 提出合理化建议和意见。 |
| 附件 | | 1. 任务过程记录。<br>2. 任务考核评价表。<br>3. 知识链接——无人农场无人作业需求参考。 |

## 1-4-1 无人农场无人作业方案设计记录表

| 序号 | 无人作业需求 | 无人作业关键技术或关键设备 | 当前发展状况 | 预计花费 |
| --- | --- | --- | --- | --- |
| 1 | 稻田自动施肥 | | | |
| | (贴图) | | | |
| 2 | 稻田自动灌溉 | | | |
| | (贴图) | | | |
| 3 | 稻田虫情监测 | | | |
| | (贴图) | | | |
| 4 | 稻田病害监测 | | | |
| | (贴图) | | | |
| 5 | 稻田硬地育秧 | | | |
| | (贴图) | | | |
| 6 | 稻田自动插秧 | | | |
| | (贴图) | | | |

续表

| 序号 | 无人作业需求 | 无人作业关键技术或关键设备 | 当前发展状况 | 预计花费 |
|---|---|---|---|---|
| 7 | 稻田自动翻耕、平整、浆田 | | | |
| | (贴图) | | | |
| 8 | 稻田自动收割 | | | |
| | (贴图) | | | |
| 9 | 小型仓储(带自然风干) | | | |
| | (贴图) | | | |
| 10 | 小型脱粒与精包装 | | | |
| | (贴图) | | | |
| 11 | 稻田无人有机肥施用 | | | |
| | (贴图) | | | |
| 12 | 稻田除杂草机器人 | | | |
| | (贴图) | | | |

## 1-4-2 任务考核评价表

| 序号 | 评价指标 | 评价依据 | 评分标准 | 评价 |
|---|---|---|---|---|
| 1 | 工作态度 | 1. 关键设备的技术信息 5 条<br>2. 设备报价溢价 10 倍以内<br>3. 创新创意小卡片 1 张 | 见附录 | |
| 2 | 工作质量 | 1. 所用技术合格率<br>2. 技术报价结果正确率 | 见附录 | |
| 3 | 过程评价 | 1. 过程记录完备<br>2. 过程记录具有思考性 | 见附录 | |
| 4 | 工作效率 | 实践时间记录排名 | 见附录 | |
| 5 | 交流交互 | 过程记录具有交流交互 | 见附录 | |
| 6 | 创新思维 | 创新创意的实用性与实践性 | 见附录 | |
| 7 | 安全意识 | 实践过程中的人身安全与设备安全防护 | 见附录 | |
| 总分 | | | | |

## 1-4-3 知识链接

### 无人农场的无人作业需求

**1. 生产过程中的无人作业需求**

(1)水稻的自动水肥。水稻的施肥是根据水稻栽种的时长以及生长期望进行定量分析的。传统的施肥是经营农户通过田间定期人工查看水稻的株高、茎粗等信息,结合水稻栽种的时长以及过往的种植经验,进行定量给肥。显然,小刘管理5 000亩田需要数十名经验丰富的农业工作者,才能完成施肥定量分析工作。

(2)水稻的自动硬地育秧。水稻的育秧可以集中在生产区域,甚至直接布置在稻田附近田埂区域,自动插秧机可以就近选择秧苗进行自动插秧作业。

(3)稻田的自动整治。稻田需要进行翻耕、平整、浆田,可以通过无人驾驶设备进行稻田的自动整治。

(4)自动插秧。采用无人插秧机对稻田进行自动插秧。

(5)自动收割。采用无人收割机对稻田进行自动收割,自动收割机包含脱粒、秸秆粉碎还田。

**2. 稻田的无人植保**

(1)病虫害监测设备。可以采用孢子监测、图像监测以及虫情测报灯等技术手段对稻田进行病虫害监测

(2)太阳能诱虫灯。利用太阳能对稻田的飞蛾之类的虫子进行物理防治。

(3)杂草防治。可以通过视觉机器人对田间杂草进行防治。

(4)无人机生物药液防治。可以通过无人机喷洒有机生物防治药液,对稻田进行有机生态病虫害防治。

(5)生物杂草、虫类防治。通过在无人农场养殖一定的畜禽,对无人农场的杂草、虫类进行防治。

# 项目 2 农业数据自动获取与处理

## 2-1 农业信息采集系统实践应用任务概要

| | | |
|---|---|---|
| 知识、技能、素养目标 | 知识目标 | 1. 了解传感器的概念。<br>2. 了解常用农业传感器的工作原理。<br>3. 了解农业信息采集系统的结构组成和工作过程。 |
| | 技能目标 | 1. 识别常用农业传感器。<br>2. 掌握常用农业传感器的使用方法。<br>3. 掌握农业信息采集系统的使用方法。 |
| | 素养目标 | 1. 培养团队协作精神。<br>2. 培养爱农、知农、兴农情怀。<br>3. 培养细致、严谨的工程思想。<br>4. 培养创新思考精神。 |
| 情境描述 | | 合适的环境要素对农作物的生长至关重要。在传统的种植生产中，农民只是凭经验管理，不能把握农作物的生长需求。例如，灌溉得过多或过少都会影响农作物的生长。农业传感器的应用，可以监测作物的生长环境要素，让种植管理更加科学。农民可根据传感器采集的数据，对作物的生长环境进行控制和调节，使作物处在一个适宜生长的环境中，达到节约资源和人力成本，增加产量，提升品质的目标。 |
| 学习内容 | | 识别温湿度、光照度、土壤氮磷钾等几种常用的农业传感器，了解其基本原理、主要功能、结构组成、参数指标等。<br>利用 Cisco Packet Tracer 8 软件的物联网功能，搭建一个农业信息采集模拟系统，通过运行该系统，进行数据采集和控制的仿真实践。 |

续表

| | |
|---|---|
| 任务流程 | 步骤1:阅读案例材料。<br>步骤2:识别传感器。<br>步骤3:农业信息采集系统实践。<br>步骤4:阅读知识链接。<br>步骤5:小组讨论。<br>步骤6:考核测评。 |
| 学习产出 | 1. 小组讨论发言。<br>2. 信息系统实践,考核测评。 |
| 评价反馈 | 结合课堂讲解和网络平台资源完成任务,评价指标详见教材活页2-1-2,任务要点:<br>1. 能正确识别常用农业传感器,能简述其功能和工作原理。<br>2. 在虚拟平台上进行农业信息采集系统的功能实践,能够在任务实施过程中指出任务存在的问题。<br>3. 对提出问题能够结合理论和实践进行分析。<br>4. 提出合理化建议和意见。 |
| 附件 | 1. 任务过程记录。<br>2. 任务考核评价表。<br>3. 知识链接——传感器技术。 |

## 2-1-1　农业信息采集系统实践应用任务记录表

| 序号 | 任务内容 | 要点记录 | 完成时间 | 备注 |
|---|---|---|---|---|
| 1 | 教材内容阅读 | | | |
| 2 | 视频及其他材料 | | | |
| 3 | 常用农业传感器识别 | | | |
| 4 | 农业信息采集系统识别 | | | |
| 5 | 实践运用 | | | |

## 2-1-2 任务考核评价表

| 序号 | 评价指标 | 评价依据 | 评分标准 | 评价 |
|---|---|---|---|---|
| 1 | 工作态度 | 1. 教材内容阅读<br>2. 过程记录 | 见附录 | |
| 2 | 工作质量 | 1. 任务记录<br>2. 课堂互动<br>3. 软件实践<br>4. 实践运用 | 见附录 | |
| 3 | 过程评价 | 1. 过程记录完备<br>2. 过程记录具有思考性 | 见附录 | |
| 4 | 工作效率 | 任务完成时间记录排名 | 见附录 | |
| 5 | 交流交互 | 课堂环节和小组讨论具有交流交互 | 见附录 | |
| 6 | 创新思维 | 创新创意的实用性与实践性 | 见附录 | |
| 7 | 安全意识 | 实践过程中的人身安全与设备安全防护 | 见附录 | |
| 总分 | | | | |

## 2-1-3 知识链接

### 传感器技术

**1. 传感器的定义**

传感器是指这样一类元件:它能够感受诸如力、温度、光、声、化学成分等物理量,并能把它们按照一定的规律转换为便于传送和处理的另一个物理量(通常是电压、电流等电学量),或转换为电路的通断。其基本特性是把非电学量转换为电学量,可以方便地进行测量、传输、处理和控制等。

**2. 传感器的工作原理**

传感器通过敏感元件感受的通常是非电学量,而它利用转换元件输出的通常是电学量,如电压、电流、电荷量等。

传感器一般由敏感元件、转换元件、转换电路和辅助电源四部分组成,其工作原理如图2-1-1所示。

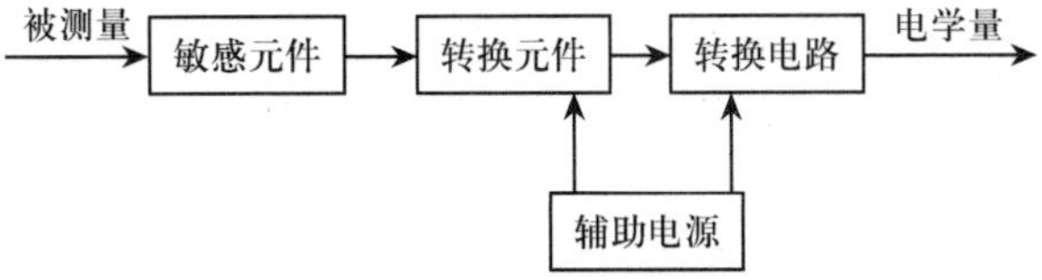


**图 2-1-1 传感器工作原理图**

其中,敏感元件直接感受被测量,并输出与被测量有确定关系的物理量信号;转换元件将敏感元件输出的物理量信号转换为电信号;转换电路负责对转换元件输出的电信号进行放大调制;转换元件和转换电路一般还需要辅助电源供电。

**3. 传感器的分类**

(1)按其用途可分为:压力传感器、位置传感器、液面传感器、能耗传感器、速度传感器、加速度传感器、射线辐射传感器、温度传感器、雷达传感器等。

(2)按其原理可分为:振动传感器、湿敏传感器、磁敏传感器、气敏传感器、真空度传感器、生物传感器等。

(3)按其输出信号可分为:模拟传感器——将被测量的非电学量转换成模拟电信号;数字传感器——将被测量的非电学量转换成数字信号(包括直接和间接转换);膺数字传感器——将被测量的信号量转换成频率信号或短周期信号(包括直接和间接转换);开关传感器——当一个被测量的信号达到某个特定的阈值时,传感器相应地输出一个设定的低电平或高电平信号。

(4)按其测量目的可分为:物理型传感器、化学型传感器、生物型传感器。

**4. 传感器的连接和安装要求**

(1)传感器的连接:传感器的输出方式不同,电路连接也有些差异,但输出方式相同的传感器其电路连接方式是相同的。实践中常用传感器一般有两线制、三线制、四线制的,有的还有五线制的。其中两线制比较简单,一根线连接电源正极,另一根线也就是信号线经过仪器连接到电源负极。三线制传感器是在两线制基础上加了一根线,这根线直接连接到电源的负极,较两线制麻烦一点。四线制传感器通常是有两个电源输入端,另外两个是信号输出端。五线制传感器与四线制的相差不大,比较少见。

(2)传感器安装工艺要求:传感器安装工艺要求如下。

①连接导线选用正确。

②电路各连接点连接可靠、牢固,外露铜丝最长不能超过 2 mm。

③进接线排的导线都要编号,并套好号码管。

④同一接线端子的连接导线最多不能超过 2 根。

(3)传感器安装安全要求:传感器在装配过程中,必须做到"安全第一",具体如下。

①要正确使用一字或十字起子、尖嘴钳、剥线钳,防止在操作中发生起子或钳子伤手的事故;

②安装结束确认接线正确无误后才能送电进行检测;

③拆装要在停电状态下进行;

④使用仪表带电测量时,一定要按照仪表使用的安全规程进行;

⑤安装时,不用工具敲击安装器件,以防造成器材的损坏。

# 2-2　农业数据存储任务概要

| | | |
|---|---|---|
| 知识、技能、素养目标 | 知识目标 | 1. 了解数据库技术的基础知识。<br>2. 了解常用的农业数据库系统。<br>3. 了解数据库系统设计的相关知识。 |
| | 技能目标 | 1. 掌握农业数据库系统的设计方法。<br>2. 掌握农业数据库系统的创建方法。<br>3. 掌握农业数据库系统的使用方法。 |
| | 素养目标 | 1. 培养团队协作精神。<br>2. 培养爱农、知农、兴农情怀。<br>3. 培养细致、严谨的工程思想。<br>4. 培养创新思考精神。 |
| 情境描述 | | 数据库技术是对一些数据量庞大、结构比较复杂的数据进行处理的专门技术。农业数据库是一种有组织地动态存储、管理、重复利用、分析预测一系列有密切联系的农业方面的数据集合(数据库)的计算机系统。主要包括农业资源信息数据库、农业生产信息数据库、农业技术信息数据库、农产品市场信息数据库、农业政策法规数据库、农业机构数据库等。管理农户地块信息,包括每户人口数、主要劳动力、户主、地块面积、位置以及作物情况等,能够更具体详细地了解农户地块的基本信息,为农户基本情况调研提供较为便捷的调研条件,能够实现农户地块情况信息化的目的,为进一步打造数字城镇发挥重要的作用。 |
| 学习内容 | | 根据农户地块管理数据库需求,绘制 E-R 图,创建对应的关系模型,并在 Access 软件中建立农户地块管理数据库。 |
| 任务流程 | | 步骤 1:阅读案例材料。<br>步骤 2:农业数据库系统设计实践。<br>步骤 3:创建农业数据库系统实践。<br>步骤 4:阅读知识链接。<br>步骤 5:小组讨论。<br>步骤 6:考核测评。 |
| 学习产出 | | 1. 小组讨论发言。<br>2. 信息系统实践,考核测评。 |
| 评价反馈 | | 结合课堂讲解和网络平台资源完成任务,评价指标详见教材活页 2-2-2,任务要点:<br>1. 在 PPT、ACCESS 软件上完成,完成概念模型结构设计。<br>2. 完成逻辑模型结构设计。<br>3. 完成数据库创建。<br>4. 提出合理化建议和意见。 |
| 附件 | | 1. 任务过程记录。<br>2. 任务考核评价表。<br>3. 知识链接——数据库设计。 |

## 2-2-1 农业数据存储实践任务记录表

| 序号 | 任务内容 | | 要点记录 | 完成时间 | 备注 |
|---|---|---|---|---|---|
| 1 | 教材内容阅读 | | | | |
| 2 | 视频及其他材料 | | | | |
| 3 | 农业数据库系统设计 | ①需求分析 | | | |
| | | ②概念结构 | | | |
| | | ③逻辑结构 | | | |
| | | ④物理结构 | | | |
| 4 | 农业数据库系统创建 | ①创建数据库 | | | |
| | | ②创建数据表 | | | |
| | | ③输入数据 | | | |
| | | ④建立关联 | | | |
| | | ⑤查询数据 | | | |

## 2-2-2 任务考核评价表

| 序号 | 评价指标 | 评价依据 | 评分标准 | 评价 |
|---|---|---|---|---|
| 1 | 工作态度 | 1. 教材内容阅读<br>2. 过程记录 | 见附录 | |
| 2 | 工作质量 | 1. 任务记录<br>2. 课堂互动<br>3. 软件实践<br>4. 实践运用 | 见附录 | |
| 3 | 过程评价 | 1. 过程记录完备<br>2. 过程记录具有思考性 | 见附录 | |
| 4 | 工作效率 | 任务完成时间记录排名 | 见附录 | |
| 5 | 交流交互 | 课堂环节和小组讨论具有交流交互 | 见附录 | |
| 6 | 创新思维 | 创新创意的实用性与实践性 | 见附录 | |
| 7 | 安全意识 | 实践过程中的人身安全与硬软件设施安全防护 | 见附录 | |
| 总分 | | | | |

## 2-2-3 知识链接

### 数据库设计

数据库设计是指在已有数据库管理系统的基础上建立数据库的过程。数据库设计在数据库开发中占有非常重要的地位,数据库设计的好坏将会直接影响整个系统的性能。

数据库设计的过程就是将数据库系统与实际的应用对象紧密地结合起来,构成一个有机的整体过程。数据库设计过程可以划分为5个阶段,即需求分析阶段、概念结构设计阶段、逻辑结构设计阶段、物理结构设计阶段以及数据库的实施、运行与维护阶段,如图2-2-1所示。

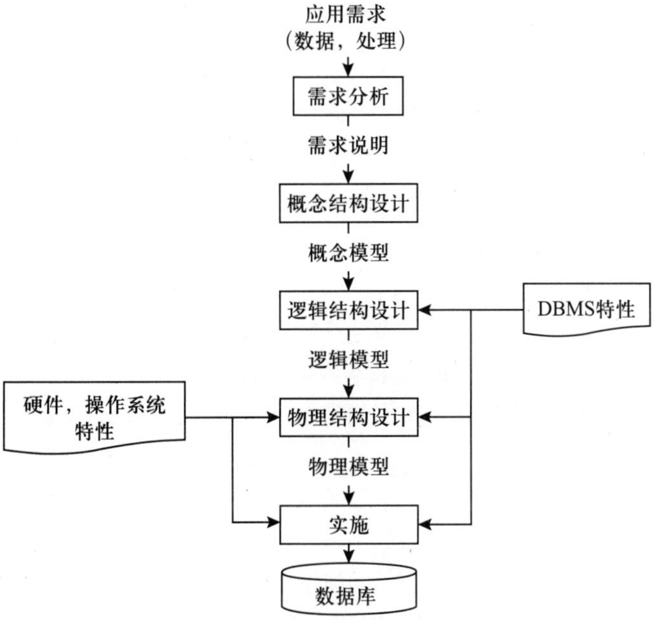


**图 2-2-1　数据库设计的基本步骤**

需求分析的任务是通过详细调查现实世界要处理的对象(组织、部门、企业等),充分了解原系统(手工系统或计算机系统)的工作概况,明确用户需求,确定新系统的功能。概念结构设计的任务是根据需求分析阶段形成的系统需求说明书,对现实世界进行数据抽象,建立数据库的概念模型。逻辑结构设计的任务是将在概念结构设计阶段生成的概念模型进一步转化为相应的数据模型。物理结构设计的任务是在指定的DBMS功能范围内,为数据库的逻辑模型确定最适合应用环境的存储结构和存取方法。数据库的实施、运行与维护阶段的主要任务包括定义结构、加载初始数据、编制与调式程序、数据库试运行、数据库备份与恢复数据库安全性和完整性控制、数据库性能监督分析和改进、数据库重组织和重构造等。

**1. 需求分析阶段**

该阶段的主要任务,首先是获取用户业务领域的信息需求、处理需求、安全需求及数据完整性需求。然后对用户的各种需求进行分析,最终得到数据字典描述的数据需求和数据流程图描述的处理需求。

数据字典主要描述了数据的数据项、数据结构、数据流、数据存储及外部实体等。

数据流程图则主要描述了数据在信息系统中流动、处理和存储的情况。

该阶段的主要方法是分析用户的组织结构设置、各部门的业务流程及相互合作的方式。

该阶段的主要分析方法有自上而下、自下而上、逐步扩张、混合策略等几种。

**2. 概念结构设计阶段**

该阶段将需求分析阶段得到的数据字典和数据流程图进入深入分析和抽象,建立一个不依赖于任何数据库的概念数据模型。

概念结构设计的过程如图 2-2-2 所示。

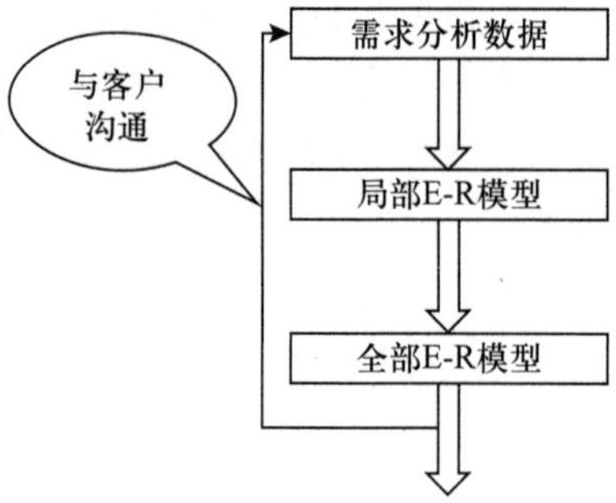


图 2-2-2 概念结构设计过程图

概念数据模型的建立一般使用 IDEF1X 方法,该方法是美国空军 ICAM 项目中的信息建模(IDEF1)方法的扩展版本。它主要针对以下问题进行分析:

(1)企业信息的采集、存储和管理。

(2)信息的管理规则。

(3)企业内信息之间的逻辑关系。

(4)缺乏良好的信息管理导致的问题。

使用 IDEF1X 方法创建 E-R 模型的步骤大致如下:

(1)初始化工程。从目的描述和范围描述开始,确定建模目标,开发建模计划,组织建模队伍,收集原始资料,制定约束和规范,形成基本数据资料表。

(2)定义实体。实体集成员有一个共同的特征和属性集,从基本数据资料表中直接或间接标识出大部分实体。

(3)定义联系。IDEF1X 模型中只允许二元联系,*n* 元联系必须定义为 *n* 个二元联系。使用实体联系矩阵来标识实体间的二元关系。

(4)定义码。首先标识候选码属性,再从候选码中确定主码。主码和关系的有效性可通过非空规则和非多值规则来保证,即一个实体实例的一个属性不能是空值,也不能在同一个时刻有一个以上的值。

(5)定义属性。从基本数据资料表中抽取说明性的名词,确定属性表及属性的所有者。

(6)定义其他对象和规则。定义属性的数据类型、长度、精度、非空、缺省值、约束规则等。定义触发器、存储过程、视图、角色、同义词、序列等对象信息。

**3. 逻辑结构设计阶段**

该阶段是将概念设计阶段的概念数据模型转换为某个数据库管理系统(DBMS)所支持的逻辑数据模型,并对其进行优化。

在概念结构设计阶段形成的 E-R 图中,实体、实体的属性和实体间联系等概念将统一转换成关系模型,这种转换的原则如下:

(1)实体转换成关系。其中实体的名字直接作为关系的名字,实体的所有属性作为关系的属性。实体的主键作为关系的主键。

(2)一个一对一关联(1∶1)转换为一个关系。将此一对一关联生成独立的关系,其中新生成的关系中,属性由关联本身的属性加上同该关联相连的两个实体的主键构成。主键为关联编码属性。

(3)一个一对多关联(1 : $n$)转换为一个关系。将此一对多关联生成独立的关系,其中新生成的关系中,属性由关联本身的属性加上同该关联相连的两个实体的主键构成。主键为关联编码属性。

(4)一个多对多关联($m$ : $n$)转换为一个关系。将此多对多关联生成独立的关系,其中新生成的关系中,属性由关联本身的属性加上同该关联相连的两个实体的主键构成。主键为关联编码属性。

**4. 物理结构设计阶段**

该阶段为逻辑设计阶段确定的逻辑数据模型选取一个合适的物理结构。物理设计阶段一般分为两步:

(1)确定阶段。主要任务包括:①记录的存储结构设计,主要考虑存取时间、存储空间和维护代价的因素。②记录的访问方法设计,主要考虑检索能力。

(2)评价阶段。主要从数据库的时间和空间效率进行。

**5. 数据库实施**

根据逻辑设计和物理设计,在计算机上实际建立起数据库,并加入测试数据,编制和调试应用程序,进行试运行。

# 2-3 农业数据处理与分析任务概要

| | | |
|---|---|---|
| 知识、技能、素养目标 | 知识目标 | 1. 了解数理统计的基础知识。<br>2. 了解常用数据处理和分析软件的特点。 |
| | 技能目标 | 1. 掌握常用数据处理软件的使用方法。<br>2. 掌握农业数据处理和分析的主要方法。<br>3. 掌握将数据分析运用于农业生产实践的方法和流程。 |
| | 素养目标 | 1. 培养团队协作精神。<br>2. 培养爱农、知农、兴农情怀。<br>3. 培养细致、严谨的工程思想。<br>4. 培养创新思考精神。 |
| 情境描述 | | 统计方法在农业应用中主要是对田间试验进行适当的设计和统计分析，以后逐步扩大到动植物数量遗传学、农业预测预报、农艺措施优化等多个领域。进行统计分析时，涉及的变量和样本很多，计算量很大。靠手工方法进行统计计算是不现实的，只有计算机才能快速得到精确的结果。现有的统计方法，大多数都可以借助于统计软件包直接实现。 |
| 学习内容 | | 利用 SPSS 软件进行农业数据处理与分析，完成描述统计、统计绘图及线性回归分析。 |
| 任务流程 | | 步骤 1：阅读案例材料。<br>步骤 2：SPSS 软件数据处理。<br>步骤 3：阅读知识链接。<br>步骤 4：小组讨论。<br>步骤 5：考核测评。 |
| 学习产出 | | 1. 小组讨论发言。<br>2. 信息系统实践，考核测评。 |
| 评价反馈 | | 结合课堂讲解和网络平台资源完成任务，评价指标详见教材活页 2-3-2，任务要点：<br>1. 在 SPSS 软件上完成，完成描述统计。<br>2. 完成统计绘图。<br>3. 完成线性回归分析。<br>4. 提出合理化建议和意见。 |
| 附件 | | 1. 任务过程记录。<br>2. 任务考核评价表。<br>3. 知识链接——农业大数据。 |

## 2-3-1　农业数据处理与分析实践任务记录表

| 序号 | 任务内容 | 要点记录 | 完成时间 | 备注 |
| --- | --- | --- | --- | --- |
| 1 | 教材内容阅读 | | | |
| 2 | 视频及其他材料 | | | |
| 3 | 农业数据处理与分析实践 | | | |
| 4 | 实践运用 | | | |

## 2-3-2 任务考核评价表

| 序号 | 评价指标 | 评价依据 | 评分标准 | 评价 |
|---|---|---|---|---|
| 1 | 工作态度 | 1. 教材内容阅读<br>2. 过程记录 | 见附录 | |
| 2 | 工作质量 | 1. 任务记录<br>2. 课堂互动<br>3. 软件实践<br>4. 实践运用 | 见附录 | |
| 3 | 过程评价 | 1. 过程记录完备<br>2. 过程记录具有思考性 | 见附录 | |
| 4 | 工作效率 | 任务完成时间记录排名 | 见附录 | |
| 5 | 交流交互 | 课堂环节和小组讨论具有交流交互 | 见附录 | |
| 6 | 创新思维 | 创新创意的实用性与实践性 | 见附录 | |
| 7 | 安全意识 | 实践过程中的人身安全与硬软件设施安全防护 | 见附录 | |
| 总分 | | | | |

## 2-3-3 知识链接

### 农业大数据

大数据是数据科学的一个分支，是将数据科学原理与计算机科学、软件科学以及互联网科学相交叉融合的新兴学科。人类对客观世界的认识总是从感性认识开始，随着科学技术的发展，逐渐上升到理性认识，进而升华为科学。农业大数据（agricultural big data）即是利用大数据的思维、方法以及技术来解决农业以及涉农行业的具体和客观问题的技术体系。

我们经常遇到这种情况：天空浓云密布，各种因素似乎都符合降雨的条件，但雨就是下不来，干旱持续。在过去我们只能望天兴叹，但现在通过对影响降雨因素的分析我们知道，这可能是云中缺乏“凝结核”，这是水汽变成雨滴不可或缺的因素。据此，我们用飞机、火箭向云中播撒干冰、碘化银等作为凝结核，催化降雨的形成，这就是我们常见的人工降雨。其实，这就是通过调控改变事物发展轨迹的案例，是典型的大数据干预的结果。雨云的形成并形成降雨是由各种相关因素互相作用的结果，如太阳辐射强度、温度、大气湿度、风向、风速、气流对流强度、凝结核的形成等，每一个因素的变化信息可理解为数据，这些因素（数据集）组合互相作用可理解为“大数据”。气象工作者根据这些因素的互相作用情况进行天气预测预报。

农业数据涉及的领域广、环节多，是跨行业、跨专业的数据集合，农业数据还具有复杂性、分散性、获取难的特征。从行业领域讲，狭义上的农业是指种植业。广义上的农业，已逐步扩展到农产品加工、饲料生产、农业机械制造、农药制造等农业上下游产业。因此，农业数据应包括生产数据、价格数据、统计数据、进出口数据、气象数据等。从行政和地域范围讲，农业数据以国内农业数据为核心，以国际农业数据为参考。国内数据不仅包括全国层面数据，还应涵盖省市县，甚至乡镇级数据。从农业专业性讲，农业数据应逐步构建农业领域的专业数据资源，如有序规划针对粮食安全的耕地保有量、土壤环境保护、市场供求信息等动态监测数据及针对畜品种的肉牛、奶牛、肉鸡、蛋鸡、肉羊、生猪等动态监测数据，指导育种、农业水利、农业病虫害及自然灾害的预警、农产品的流通、销售等方面的数据资源，甚至包括生物信息学的研究等。从农业主体角度讲，农业数据不仅应包括国家及地方统计数据，还应包括涉农经济主体的基本信息、投资信息、供应信息、科技成果信息、股东信息、人才引进信息、GIS坐标信息及媒体信息等。当前农业领域存在诸如粮食安全、食品安全、土壤治理、病虫害防治、动植物育种、农业结构调整、农产品价格、农副产品消费等诸多问题，都可通过大数据的应用研究进行预测和干预。农业大数据与农业领域的相关科学紧密结合，为农业领域的理论工作者、生产经营者、政府部门、社会公众提供了新方法、新思路。农业大数据是指大数据理论、技术和方法在农业或涉农领域的应用实践。

虽然涉农信息网站和农业数据库资源数量大、种类多，但数据质量却参差不齐。大多数农业大数据是非关系型的、非交易型的、非结构化的数据，缺乏体系结构，这为农业大数据抽象成查询服务数据带来困难。农业领域的数据大多不是网络数据，不能通过互联网“自然形成”来获得，而是在生产经营过程中“创造”，来之不易，许多数据还需由专业人员和仪器设备专门观测、实验、挖掘，投入大，耗时长。由于农业大数据来源及表现形式多样化，因此农业大数据很难有一个规范的存储格式来保证农业大数据的完整性。同时，农业数据资源有部分数据分散在中小规模的种植农户，一般来讲，这部分数据资源信息化程度不高，收集整理难度大大增加。

更重要的是，政府相关部门和科研院所掌握着大量的农业数据资源，但目前大多还处于“数据孤岛”，还没有有效地整合、缺乏标准化以及依法、有序、安全的共享平台，这些严重影响了农业大数据的使用及功能的发挥。

随着物联网、云计算、精准农业和智慧农业的快速发展，农业数据也以前所未有的速度不断增加，但数据从挖掘存储到应用均面临巨大的挑战。物联网的渗透已经成为农业信息技术发展的必然趋势，也是农业大数据最重要的数据源。从宏观上来看，农业大数据可用于实现农业现代化战略中。我国农业信息技术经多年发展，研发了涵盖多层面、多领域的农业信息系统，富集了很多不同层级、不同领域的数据资源，积累了庞大的信息资源财富。下面列举农业大数据应用的几个焦点领域。

一是农业大数据可应用在水、土地、生物及生产资料等农业资源管理方面。我国农业资源紧缺、生态环境与生物多样性退化，要在摸清家底的基础上，进一步优化配置、合理开发，实现农业高产优质、节能高效的可持续发展。

二是农业大数据可应用在土壤、大气、水质、气象、污染、灾害等农业生态环境管理方面，以便对农业进行全面检测与精准管理，提高农业生产效率。

三是农业大数据可应用在设施种植业、养殖业及精准农业等涉农生产过程管理方面，以提高整个生产过程的智能决策、精准监测及科学化管理。

四是农业大数据可应用在农业设备监控、远程诊断、服务调度等农业装备与设施监控方面，为农业环境资源、农业生产过程、农业产品安全、农业市场的监测和预测提供技术支撑。

五是农业大数据可应用在产地环境、产业链管理、产前产中产后、储藏加工、市场流通领域、物流、供应链等农产品与食品安全管理方面，为我国农产品食品安全工作提供保障。

此外，农业大数据的应用还体现在各种科研活动中，为科研工作者在农业领域的技术创新打好数据基础，创造更多的农业科研成果。

为更好地开发利用农业大数据，我们应基于大数据的理论和技术，结合国家农业现代化发展战略，突破农业大数据的一些关键技术，扶持一批农业大数据的示范和应用项目，将大数据与物联网和云计算同步发展，抢占先机，推进智慧农业实施。农业大数据的核心任务是从各类型的海量数据中，快速获得有价值的信息，通过对数据的处理分析和构建模型，从而指导生产，为涉农企业服务以及协助政府决策。同时，为实现农业可持续发展和区域产业结构调整，进一步推动智慧农业发展进程，需要全面及时掌握农业的发展动态，依托农业大数据及相关大数据分析处理技术，建设一个农业大数据分析应用平台。利用现有的知识库、数据库、模型库等，同时将沉淀多年的历史数据和实时数据充分利用采集和挖掘，来丰富农业大数据分析应用平台，推进农业生产的智能控制和智能管理，实现智慧农业的快速发展中。

在宏观方面，要着力整合和挖掘各方面的数据资源，包括国外主要商品粮供应国家的生产状况、国际粮食供给动态、我国粮油进出口状况、人口变化趋势、工业和畜牧业用粮的趋势、中短期气候变化趋势、耕地面积的变化态势、世界政治走向等，对我国的粮食安全进行中短期的分析研究，早出对策，做到未雨绸缪，确保我国的粮食安全和食品安全。

# 项目 3
## 农业物联网

## 3-1　搭建农业物联网系统基本架构任务概要

| | | |
|---|---|---|
| 知识、技能、素养目标 | 知识目标 | 1. 了解农业物联网的典型应用场景。<br>2. 了解物联网应用设备安装前置知识。<br>3. 了解物联网软硬件辅助开发前置知识 |
| | 技能目标 | 1. 掌握无线传感网的技术结构（Zigbee、蓝牙、微功耗 Wi-Fi）。<br>2. 掌握 RFID 系统的部署方法。<br>3. 掌握远程无线接入技术的手段和方法。<br>4. 掌握常用农业传感器的接入和使用方法。<br>5. 掌握常用农业智能设备的接入方法。 |
| | 素养目标 | 1. 培养团队协作精神。<br>2. 培养爱农、知农、兴农情怀。<br>3. 培养细致、严谨的工程思想。<br>4. 将物联网技术与农业领域融通应用，培养创新思考精神。 |
| 情境描述 | | 物联网技术在社会各行各业的应用均十分广泛，其应用提高了生产效率和管理效率，极大地促进了社会生产力。物联网在农业中的应用形式也非常多，例如智慧草莓种植、智慧家庭农场、林木智能浇灌等，万变不离其宗的是这些项目均拥有相似的系统架构。一个物联网系统涉及硬件、软件、云端、App 各个环节，必须从整体进行顶层设计，只倚重某个单一的环节进行设计的系统都不具备良好的适用性和扩展性。物联网系统架构是整个物联网技术最基本的内容之一，在开展任何一个项目之前，都要认真设计架构，以指导后续采购、安装、调试、检验等工作的开展。 |
| 学习内容 | | 利用 Visio 2007 软件（或类似软件）绘制农业物联网系统的基本架构图和拓扑图。 |

续表

| | |
|---|---|
| 任务流程 | 步骤 1:阅读案例材料。<br>步骤 2:绘制物联网体系结构。<br>步骤 3:阅读知识链接。<br>步骤 4:小组讨论。<br>步骤 5:考核测评。 |
| 学习产出 | 1. 小组讨论发言。<br>2. 考核测评。 |
| 评价反馈 | 结合课堂讲解和网络平台资源完成任务,评价指标详见教材活页 3-1-2,任务要点:<br>1. 在 Visio 2007 软件(其他软件亦可)上完成,能够准确描述物联网感知层、传输层、应用层包括哪些内容。<br>2. 能够说出农业物联网的工作过程。<br>3. 对提出的问题能够结合理论和实践进行分析。<br>4. 提出合理化建议和意见。 |
| 附件 | 1. 任务过程记录。<br>2. 任务考核评价表。<br>3. 知识链接——农业信息传输技术。 |

## 3-1-1 搭建农业物联网系统基本架构实践任务记录表

| 序号 | 任务内容 | 要点记录 | 完成时间 | 备注 |
|---|---|---|---|---|
| 1 | 教材内容阅读 | | | |
| 2 | 视频及其他材料 | | | |
| 3 | 绘制农业物联网系统架构图 | | | |
| 4 | 实践运用 | | | |

## 3-1-2 任务考核评价表

| 序号 | 评价指标 | 评价依据 | 评分标准 | 评价 |
| --- | --- | --- | --- | --- |
| 1 | 工作态度 | 1. 教材内容阅读<br>2. 过程记录 | 见附录 | |
| 2 | 工作质量 | 1. 任务记录<br>2. 课堂互动<br>3. 软件实践<br>4. 实践运用 | 见附录 | |
| 3 | 过程评价 | 1. 过程记录完备<br>2. 过程记录具有思考性 | 见附录 | |
| 4 | 工作效率 | 任务完成时间记录排名 | 见附录 | |
| 5 | 交流交互 | 课堂环节和小组讨论具有交流交互 | 见附录 | |
| 6 | 创新思维 | 创新创意的实用性与实践性 | 见附录 | |
| 7 | 安全意识 | 实践过程中的人身安全与硬软件设施安全防护 | 见附录 | |
| 总分 | | | | |

## 3-1-3 知识链接

### 农业信息传输技术

**1. 有线传输技术**

农业信息传输按照传输介质分类，可以分为有线通信和无线通信。有线通信是指通过双绞线、同轴电缆、光纤等有形媒质传输信息的技术。常用的农业信息有线传输技术有以太网和现场总线。无线通信是利用电磁波信号在空间中直接传播而进行信息交换的通信技术，进行通信的两端之间不需要有形的媒介连接，如 RFID、NFC、IRdA、Zigbee、WIFI、LoRa、Bluetooth、NB-Iot 及 3G、4G、5G 等。通信技术主要是强调信息从信息源到目的地的传输过程所使用的技术，各通信技术之间的协同工作依据开放系统互联参考模型 OSI。

(1) 现场总线（Fieldbus）

现场总线作为无人农场数字通信网络的基础，沟通了生产过程现场及控制设备之间、传感器之间及其与更高控制管理层次之间的联系。它不仅是一个基层网络，而且还是一种开放式、新型全分布控制系统。这项以智能传感、控制、计算机、数字通信等技术为主要内容的综合技术，已经受到世界范围的关注，成为自动化技术发展的热点，并将导致自动化系统结构与设备的深刻变革。

(2) 控制器局域网（CAN）总线

CAN 是一种用于车辆内部通信的通信系统。该总线允许许多微控制器和不同类型的设备在没有主机的情况下进行实时通信。与以太网不同，CAN 总线不需要任何寻址方案，因为网络的节点使用唯一的标识符。这将向节点提供有关所发送消息的优先级和紧急性的信息。即使在发生冲突的情况下，这些总线也会继续传输，而普通以太网则会在检测到冲突时立即终止连接。它是个完全基于消息的协议，主要用于车辆。无人农场中的智能农机需要使用更多的电子控制单元（ECU），对农机作业过程进行在线测量和有效控制，如发动机性能在线监测、在线智能测产、变速器控制、变量播种、变量施肥等。每个 ECU 都只是独立的“信息岛”，而 CAN 总线可将各个“信息岛”通过网络互连的方式连接起来，在“信息岛”之间传递命令和数据信息，实现整个农业机械系统的集中监视和分布控制。CAN 总线实时性强、可靠性高、抗干扰能力强，在我国目前已经成功地应用于农业温室控制系统、储粮水分控制系统、畜舍监视系统、温度及压力等非电量测量与检测等农业控制系统。

(3) RS-485 总线

RS-485 总线采用平衡发送和差分接收的半双工工作方式：发送端将 UART 口的 TTL 信号经过 RS-485 芯片转换成差分信号 A、B 输出，经过线缆传输之后在接收端经过 RS-485 芯片将 A、B 信号还原成 TTL 电平信号。RS-485 总线传输速率与传输距离成反比。使用该标准的数字通信网络能在远距离条件下以及电子噪声大的环境下有效传输信号。基于上述 RS-485 总线技术的特点，无人农场固定装备的分布不规则性对 RS-485 的传输无影响，RS-485 总线可以用于无人农场中的数据传输及控制指令传输。

(4) SDI-12 总线

SDI-12 总线是美国水文和气象管理局所采用的数据记录仪（DataLogger）和基于微处理器的传感器之间的串行数据接口标准。SDI-12 总线技术属于单线总线技术，即在一根数据线上进行双向半双工数据交换。SDI-12 总线至少可以同时连接 10 个传感器，每个传感器线缆长度可以是 200 ft（60.96 m）。SDI-12 总线的通信速率规定为 1 200 bit/s。SDI-12 设计的目标是为了实现电池供电低耗电、低成本、多个传感器并行连接等。目前，国内基于 SDI-12 协议的产品主要集中在环境气象、水文、土壤监测传感器，以及具有 SDI-12 接口的数据采集器等。

（5）以太网（Ethernet）

以太网是应用最广泛的局域网通信方式，同时也是一种协议。以太网接口就是网络数据连接的端口。以太网使用总线型拓扑和 CSMA/CD（即载波多重访问 / 碰撞侦测）的总线技术。无人农场可充分利用现成的以太网网络实现远距离的数据采集、传输和集中控制。例如，网络型环境监测传感器，带有 RJ45 网线接口，集成网关通信功能，支持 TCPModbus 或主动上报监测数据至服务器的功能；网络摄像头，除了具备一般传统摄像机所具有的图像捕捉功能外，机内还内置了数字化压缩控制器和基于 Web 的操作系统，使得视频数据经压缩加密后，通过以太网传送至终端用户，而远端用户可在计算机、手机上使用标准的网络浏览器，根据网络摄像机的 IP 地址，对网络摄像机进行访问，实时监控目标现场的情况，并可对图像资料实时编辑和存储，同时还可以控制摄像机的云台和镜头，进行全方位监控；固定式的网络型农业生产设备，即通过局域网组网的方式，对其进行集中统一生产管理，达到协同互联的目的。此外，以太网还广泛应用于无人农场技术集成中管理与控制终端、以太网交换机 / 路由器、Web 应用服务器、数据库服务器、光载无线交换机、GPRS/3G 网关等设备之间的接口互联。

**2. 无线传输技术**

无线通信是指利用电磁波信号在自由空间中传播的特性进行信息交换的一种通信方式。无线通信技术有诸多优点，使用无线通信技术的设备之间无须铺设线缆，通信不受农业环境限制，抗干扰能力强，网络维护成本低，且易于扩展。无线通信技术沟通了农业各要素之间的联系，使得无人农场中的各种固定农业机械、移动机器人、传感器、机器视觉以及遥感监测平台之间的信息交互变得更加简单、高效和智能。

常见的无线通信传输技术按照传输距离的不同分为 3 种：近距离无线通信技术、短距离无线通信技术和远距离无线通信技术。

（1）近距离无线传输技术

①射频识别（RFID）

射频识别（RFID）利用电磁波自动识别和跟踪附着在物体上的标签。RFID 标签由一个微型无线电转发器、一个无线电接收器和一个发射器组成。当来自附近 RFID 读取器设备的电磁询问脉冲触发时，标签将数字数据（通常是识别库存编号）发送回读取器。RFID 标签有无源标签和主动标签两种类型。无源标签是由来自 RFID 阅读器的询问无线电波的能量驱动的。主动标签由电池供电，因此可以在距离 RFID 阅读器更大的范围内读取，可达数百米。与条形码不同，标签不需要在读卡器的视线范围内，因此它可能嵌入被跟踪的对象中。RFID 是一种自动识别和数据捕获（AIDC）技术，其具有读取距离远、识别速度快、数据存储量大及多目标识别等的优点，在农畜产品安全生产监控、动物识别与跟踪、农畜精细生产系统、畜产品精细养殖数字化系统、农产品物流与包装等方面已广泛应用。

②近场通信（NFC）

近场通信（NFC）顾名思义是射频识别（RFID）技术的一个子集。随着当今消费电子化的不断发展，它越来越受到人们的欢迎。这种无线通信技术提供的是低带宽和高频率，允许在厘米范围内传输数据。NFC 工作频率是 13.56 MHz，可以提供高达 424 kbit/s 的传输速率。NFC 标签基于 ISO14443A、MIFARE 和 FeliCa 标准进行通信和数据交换，其不需要进一步配置即可启动会话来共享数据，具有很好的舒适度和易用性。NFC 标签的阅读也非常简单，只需将其贴近 NFC 阅读器即可完成阅读，不需要提前建立连接，NFC 这一特性源于感应耦合的架构使用。此外，NFC 兼容蓝牙和 Wi-Fi。基于 NFC 的技术特点及优势，其在农业物联网领域中的应用不断被发掘，如农产品入库、流转、运输等流通场景。RFID 标签与 NFC 阅读器的组合，能够很好地应对物流的需求，保证仓库管理各个环节数据输入的速度和准确性。

③ IrDA

IrDA 是红外数据协会的缩写，该协会制定了近距离红外通信标准。IrDA 红外通信是一种廉价、安全且广泛采用的视距无线传输技术，允许设备之间轻松地点对点定向“通话”。IrDA 要求通信设备之间无遮挡且短射程，限制了其在农业生产中的应用，一般仅限于近距离人机遥控操作。

(2) 短距离无线传输技术

① Zigbee 通信

Zigbee 通信是在 IEEE802.15.4 无线个人局域网（WPANs）标准上专门为控制传感器网络而构建的，是 Zigbee 联盟的产品。该通信标准定义了物理层和媒体访问控制层（MAC），用于距离短、功耗低且传输速率不高的各种电子设备之间进行双向数据传输。Zigbee 无线个人局域网可以工作在 868 MHz（欧洲标准）、902～928 MHz（北美标准）和 2.4 GHz（全球标准）频段。其中，250 kbit/s 的数据传输速率最适合传感器和控制器之间的周期性数据、间歇性数据和低反应时间数据传输的应用。Zigbee 支持主对主或主对从通信的不同网络配置。此外，它还可以在不同的模式下运行，从而节省电池电量。Zigbee 网络可以通过路由器进行扩展，并允许多个节点相互连接，以构建更广泛的区域网络。

Zigbee 网络系统由不同类型的设备组成，如 Zigbee 协调器（ZC）、路由器（ZR）和终端设备（ZED）。每个 Zigbee 网络必须至少由一个充当超级管理员和网桥的协调器组成。Zigbee 协调器负责在执行数据接收和发送操作时处理和存储信息。Zigbee 路由器充当中间设备，允许数据通过它们来回传递到其他设备。路由器、协调器和终端设备的数量取决于网络的类型，如星型、树型和网状网络。

目前 Zigbee 技术已普遍应用于农业生产中。可以选用 Zigbee 模组和传感器组成低功耗、低成本的无线采集节点，通过无线组网的方式与网关互联；网关再将传感器的数据通过有线或者远距离无线传输的方式上传到服务器；服务器根据获取到的传感器数据进行数据库管理和决策支持。

②蓝牙（Bluetooth）

蓝牙 Bluetooth 是一种基于 IEEE802.15.1 无线技术标准的短程通信技术，旨在取代连接便携式设备的电缆，保持高度的安全性。蓝牙技术是在 Ad-Hoc 技术的基础上开发的，也称为 Ad-HocPico 网，是一种覆盖范围非常有限的局域网。蓝牙技术的低功耗和高达数十米（10～100 m）的传输范围为多种使用模式铺平了道路。蓝牙技术在 2.4～2.485 GHz ISM 频段下工作，使用调频扩频，全双工信号（标称跳频为 1 600 hop/s）。蓝牙 1.2 版支持 1 Mbit/s 数据传输速率，蓝牙 2.0 版引入了 EDR 标准，支持 3 Mbit/s 数据传输速率。蓝牙芯片价格昂贵，且信号容易被干扰，因此在农业中的应用较少。当需要在农业现场建立近距离的人机无线交互时，利用智能手机或者平板计算机中的蓝牙功能及 App 进行控制可能是一个不错的选择。

③ Wi-Fi

Wi-Fi 是一种 WLAN（无线局域网）技术。它在移动数据设备（如笔记本计算机、平板计算机或电话）和附近的 Wi-Fi 接入点（连接到有线网络的特殊硬件）之间提供短程无线高速数据连接。最新 Wi-Fiac 标准允许每个通道的速率高达 500 Mbit/s，总速率超过 1 Gbit/s。Wi-Fi802.11ac 仅在 5 GHz 频段运行。Wi-Fi 比任何通过 GPRS、EDGE 甚至 UMTS 和 HSDPA 等蜂窝网络运行的数据技术都要快得多。

Wi-Fi 接入点覆盖的范围为室内 30～100 m，室外单个接入点可覆盖约 650 m。在植物工厂中，基于 Wi-Fi+Zigbee 智能控制系统，可将植物生长阶段的各项指标进行调节、定时定量及定位等系统运算处理，将传感器采集的信息进行数字化，并实时传送到网络平台，通过服务器及相关软件处理及信息汇集，精确地控制如浇灌、增氧、窗帘开关及补光等设备。

④ Lo-Ra

Lo-Ra 是 LPWAN 通信技术中的一种，是美国 Semtech 公司于 2013 年发布的一种基于扩频技术的超远距离无线传输方案，主要工作在全球各地的 ISM 免费频段（即非授权频段），包括主要的 433 MHz、470 MHz、868 MHz、915 MHz 等。其最大的特点是传输距离远（1～15 km），功耗低（接收电流 10 mA，休眠电流＜200 nA），组网节点多，节点 / 终端成本低。Lo-Ra 应用前向纠错编码技术，在传输信息中加入冗余，有效抵抗多径衰落，提高了传输可靠性。

就 Lo-Ra 网络的实际体系结构而言，终端节点通常处于星型拓扑结构中，网关如同一个透明的网桥，负责在终端节点和后端中央网络服务器之间中继消息。网关到终端节点的通信通常是双向的，也可以支持多播操作，这对于诸如软件升级或其他大规模分发消息等功能很有用。此外，Lo-Ra 采用了唯一的 EUI64 网络层密钥、唯一的 EUI64 应用层密钥以及设备特定密钥（EUI128）三层加密方法，确保 Lo-Ra 网络保持足够的安全性。基于 LoRa 的上述优势，使得 LoRa（终端 + 网关）集成方案成为农业物联网大规模推广应用的一种理想的技术选择。支持 LoRa 的设备可处理无人农场中发生的众多情况，从跟踪漫游在巨大牧场中的牛群到监控土壤湿度，LoRa 技术简化并改善了每种智慧农业应用的日常运行。

(3) 远距离无线通信技术

① NB-IoT

NB-IoT 是一种适用于 M2M、物联网（IoT）设备和应用的窄带无线电技术，属于低功耗广域网（LPWAN）的范畴，需要以相对较低的成本在更大范围内进行无线传输，并且电池寿命长，功耗小。NB-IoT 使用 LTELTE 授权频段，使其设备能够双向通信。NB-IoT 的优点是利用移动运营商已经建成的网络，从而确保建筑物内外的充分覆盖。NB-IoT 一个扇区能够支持 10 万个连接，支持低延时敏感度、超低的设备成本、低设备功耗和优化的网络架构。NB-IoT 终端模块的待机时间可长达 10 年。在同样的频段下，NB-IoT 比现有的网络增益 20 dB，相当于提升了 100 倍覆盖区域的能力。

随着 NB-IoT 技术的发展，农业物联网也开始采用 NB-IoT 技术。由于其超低功耗、超强覆盖、超低成本、配置简单等优势，及时地解决了当前农业物联网的难点和痛点，为农业物联网提供了技术保证，同时促进了农业物联网的快速发展。当前，NB-IoT 技术在农业中的应用还处于探索阶段，主要聚焦在农田环境监测与牲畜生理监测领域。

②全球移动通信系统（GSM）

全球移动通信系统（GSM）是移动电话用户广泛使用的数字移动网络。GSM 使用时分多址（TDMA）与频分多址（FDMA）两种多址技术，它将频带分成多个信道。通过 GSM，语音被转换成数字数据，数字数据被赋予一个信道和一个时隙。在另一端，接收器只监听指定的时隙，并将呼叫拼凑在一起。很明显，这种情况发生的时间可以忽略不计，而接收者并没有注意到发生的“中断”或时间分割。GSM 是 3 种数字无线电话技术（TDMA、GSM 和 CDMA）中应用最广泛的技术。与第一代移动通信系统相比，GSM 突出的特征是保密性好，抗干扰能力强，频谱效率高和容量大。

码分多址（CDMA）是一种使各种信号占据一个传输信道的复用技术。它通过扩频方法优化了可用带宽的使用。该技术通常用于超高频（UHF）蜂窝电话系统，频带范围为 800 MHz 至 1.9 GHz。码分多址系统不同于时频复用系统，在这个系统中，用户可以在整个持续时间内访问整个带宽，其基本原理是利用不同的 CDMA 码来区分不同的用户。CDMA 技术特点是具有很强的抗干扰能力，保密性能好，通信质量高，建网成本低和低功率密度。

GSM 和 CDMA 是不同的两种 2G 网络制式。中国移动和中国联通采用的 2G 网络制式为 GSM，而中国电信的 2G 网络制式采用了 CDMA。基于 GSM 和 CDMA 的第二代移动通信技术在网络化分散、广域作物监测领域已经进行了广泛的集成与应用，如早期利用 CDMA 进行涉农信息的传输，基于 GSM 或 CDMA 短消息技术的土壤墒情、温室环境、农业气象实时信息采集系统。

GPRS 是一种分组交换技术，能够通过蜂窝网络进行数据传输。用于移动互联网、彩信等数据通信。理论上，GPRS 的速率限制是 115 kbit/s，但在大多数网络中大约是 35 kbit/s。非正式地说，GPRS 也称为 2.5G。GPRS 覆盖面广，接入速度快（ $<2$ s），实时性强，非常适合用于间歇的、突发的、频繁的、小流量的数据传输。

农业远程信息监控工作中，野外环境监测站与监测中心远程服务器之间的数据交换以 GPRS 网络为桥梁。现场监测站周期性采集各个传感器所测量的农业环境信息，同时进行数据帧打包，并控制 GPRS 模块将包含环境信息的数据帧发送到 GSM 基站。数据帧经 SGSN 封装处理后，将被上传到 GPRS 网络上，接着 GGSM 从 GPRS 网络获取对应的封装数据且对数据进行进一步处理后，即可借助 Internet 网络将数据传输到远程服务器端。

③ 3G

第三代移动通信技术，即 3G 网络技术，通常包括高数据速率、始终处于数据访问状态和更大的语音容量。高数据速率可能是最突出的功能，当然也是最热门的功能。3G 支持实时、流媒体视频等高级功能。目前有 3 种不同的 3G 技术标准，即美国 CDMA2000、欧洲 WCDMA、中国 TD-SCDMA。TD-SCDMA 是时分同步码分多址技术的简称，是以我国知识产权为主，被国际上广泛接受和认可的无线通信国际标准。

TD-SCDMA 集 CDMA、TDMA、FD-MA 技术优势于一体，频谱利用率高，抗干扰能力强。它采用了时分双工、联合检测、智能天线、上行同步、软件无线电、动态信道分配、功率分配、接力切换、高速下行分组接入等关键技术。

基于 3G 的第三代农业移动互联技术不仅能够提供所有 2G 的信息化业务，同时在农业视频远程诊断、农业环境远程监控、农业短信息服务、农业参考咨询服务、农业移动流媒体服务、农业远程教育服务等方面能够保证更快的速度，以及更全面的业务内容。

④ 4G/5G

4G 是第四代无线技术的缩写，是一种可用于手机、无线计算机和其他移动设备的技术。这项技术为用户提供了比第三代（3G）网络更快的互联网接入速度，同时也为用户提供了新的选择，如通过移动设备接入高清（HD）视频、高质量语音和高数据速率无线信道的能力。4G 技术的无线宽带上网、视频通话等功能非常适合在田间或养殖场开展实时、交互式的农业信息技术服务，如大田病虫害辅助诊断、养殖场畜禽疾病辅助诊断等。带有 4G 模组的嵌入式终端，如摄像头、智能手机、PAD 等，可以高速无线上网，且体积小，易携带，续航能力强，从而解决了农业信息化设备野外部署受环境制约的问题。

5G 是基于近些年移动数据流量暴涨、移动通信频谱稀缺、网络容量不足等挑战发展起来的第五代蜂窝移动通信系统。5G 的性能目标是高数据速率、减少延迟、节省能源、降低成本、提高系统容量和大规模设备连接。5G 网络技术的主要优势在于 Gbit/s 的峰值速率能够满足高清视频、虚拟现实等大数据量传输。另一个优点是空中接口时延低于 1 ms，满足自动驾驶、远程医疗等实时应用。此外，5G 支持多用户、多点、多天线、多摄取的协同组网以及跨网自适配。

智慧农业需要网络支持海量的设备连接和大量小数据包频发。由于农业物联网设备常常部署在山区、森林、水域等 4G 信号难以到达的地方，因此亟须基于 5G 技术实现对农业物联网升级。例如，在智慧蜂业应用中，由于养蜂基地常常处于偏远山区，无法通过 4G 网络对蜂群的生理特征进行实时监视，因此非常适合应用 5G 技术进行数据传输。在深海养殖中，采用 5G 技术进行高通量的高清视频传输和监控，能够很好地解决光缆铺设成本高、难度大的问题。在数字果园应用中，借助 5G 技术，攻克无人农机的反应延迟等关键技术难题，支持无人农机实时多媒体数据的采集和传输，实现无人农机的精准移动巡检、果园产量精准预测。可以想象，5G 技术将在未来的几年给农业带来颠覆性的变化，无人农场将布满传感器，大量机器视觉、人工智能等新技术与智能设备将一起融入农业，物联网云端将处理更加复杂的海量业务，种植技术智能化、农业管理智能化、种植过程公开化、劳动管理智能化水平将取得突破性进展。

# 3-2　温室生产环境物联网设备安装任务概要

| | | |
|---|---|---|
| 知识、技能、素养目标 | 知识目标 | 1. 了解温室的结构组成和功能特征。<br>2. 了解温室生产过程、生产组织和技术管理相关内容。<br>3. 了解园艺植物环境控制的原理和技术措施。 |
| | 技能目标 | 1. 掌握无线传感网的技术结构（Zigbee、蓝牙、微功耗 Wi-Fi）。<br>2. 掌握光照、温度、湿度、气候等环境因子的调控方法。<br>3. 掌握远程无线接入技术的手段和方法。<br>4. 掌握常用农业传感器的接入和使用方法。<br>5. 掌握常用农业智能设备的接入方法。 |
| | 素养目标 | 1. 培养团队协作精神。<br>2. 培养爱农、知农、兴农情怀。<br>3. 培养细致、严谨的工程思想。<br>4. 将物联网技术与农业领域融通应用，培养创新思考精神。 |
| 情境描述 | | 当前温室生产中存在用水效率普遍较低、肥料使用量较高的问题，采用水肥一体化设备可以提高水肥利用效率、大幅降低投入成本。温室大棚应用物联网技术，可达到改善产品品质、调节生长周期、提高经济效益的目的，尤其是可实现温室管理的高效和精准。对于规模化的温室设施而言，如果借助人工来调控温室内的环境条件，需要大量人手和时间，而且存在难以避免的人工误差。如果应用物联网技术，只需点击鼠标，就能在最短的时间里完成操作，而且非常精准，这也是业内看好物联网在现代农业中应用的重要原因。 |
| 学习内容 | | 任务在江苏农林职业技术学院虚拟仿真实验平台（http://139.224.209.116:8083/#/）完成。登录平台后，在实验管理列表中找到“智慧果蔬生产环境调控与养分管理仿真实训”，点击“实验详情”，即进入虚拟仿真实验平台。按照平台提示，对控制器、传感器、网关等设备进行安装。 |
| 任务流程 | | 步骤 1：阅读案例材料。<br>步骤 2：温室生产环境调控和养分管理硬件设备安装。<br>步骤 3：阅读知识链接。<br>步骤 4：小组讨论。<br>步骤 5：考核测评。 |
| 学习产出 | | 1. 小组讨论发言；2. 考核测评。 |
| 评价反馈 | | 结合课堂讲解和网络平台资源完成任务，评价指标详见教材活页 3-2-2，任务要点：<br>1. 在江苏农林职业技术学院虚拟仿真实验平台完成，能够正确选择环境信息监测平台所需传感器和设备；<br>2. 能够说出环境信息监测平台的工作流程；<br>3. 能够根据需要扩展环境信息监测平台的功能；<br>4. 针对当前环境监测平台的组成提出改进建议。 |
| 附件 | | 1. 任务过程记录。<br>2. 任务考核评价表。 |

## 3-2-1　温室生产环境物联网设备安装实践任务记录表

| 序号 | 任务内容 | 要点记录 | 完成时间 | 备注 |
|---|---|---|---|---|
| 1 | 教材内容阅读 | | | |
| 2 | 视频及其他材料 | | | |
| 3 | 平台登录 | | | |
| 4 | 控制器安装与配置 | | | |
| 5 | 传感器安装与配置 | | | |
| 6 | 水肥一体机安装与配置 | | | |
| 7 | 网关安装与配置 | | | |
| 8 | 系统调试 | | | |
| 9 | 实践运用 | | | |

## 3-2-2 任务考核评价表

| 序号 | 评价指标 | 评价依据 | 评分标准 | 评价 |
|---|---|---|---|---|
| 1 | 工作态度 | 1. 教材内容阅读<br>2. 过程记录 | 见附录 | |
| 2 | 工作质量 | 1. 任务记录<br>2. 课堂互动<br>3. 软件实践<br>4. 实践运用 | 见附录 | |
| 3 | 过程评价 | 1. 过程记录完备<br>2. 过程记录具有思考性 | 见附录 | |
| 4 | 工作效率 | 任务完成时间记录排名 | 见附录 | |
| 5 | 交流交互 | 课堂环节和小组讨论具有交流交互 | 见附录 | |
| 6 | 创新思维 | 创新创意的实用性与实践性 | 见附录 | |
| 7 | 安全意识 | 实践过程中的人身安全与硬软件设施安全防护 | 见附录 | |
| 总分 | | | | |

# 3-3 配置水肥一体化营养液任务概要

| | | |
|---|---|---|
| 知识、技能、素养目标 | 知识目标 | 1. 了解水肥一体机设备的结构组成、工作原理和功能特点。<br>2. 了解植物生长的营养吸收与调控相关知识。<br>3. 了解营养基质和营养液配比的相关知识。<br>4. 了解常用营养元素检测的专用传感设备。 |
| | 技能目标 | 1. 掌握常用水肥一体机设备的安装、使用、操作和维护技术。<br>2. 掌握营养液配比的方法。<br>3. 掌握常用营养元素传感器的安装与使用方法。<br>4. 掌握营养液 pH 和 EC 值的调控方法。 |
| | 素养目标 | 1. 培养团队协作精神。<br>2. 培养爱农、知农、兴农情怀。<br>3. 培养细致、严谨的工程思想。<br>4. 培养创新思考精神。 |
| 情境描述 | | 随着无土栽培的逐渐兴起,营养液的使用越来越广泛。营养液可以为农作物生长提供营养成分,因作物种类、生长需求及环境参数的不同,需要设置不同配比的营养液。不同营养液中大量元素及微量元素的营养元素含量不同,故为增加效益应根据作物需求进行营养液配方选择。由于不同作物对营养元素的敏感性不一,不适宜的营养液浓度及用量会引发作物不同的生理性病害,导致作物生长环境不均衡而影响作物的正常生长发育,故营养液管理在生产管理中具有重要意义。 |
| 学习内容 | | 任务在江苏农林职业技术学院虚拟仿真实验平台(http://139.224.209.116:8083/#/)完成。主要针对任务 2 中的智能水肥一体机中的营养液进行调控。 |
| 任务流程 | | 步骤 1:阅读案例材料。<br>步骤 2:水肥一体化营养液的配置。<br>步骤 3:阅读知识链接。<br>步骤 4:小组讨论。<br>步骤 5:考核测评。 |
| 学习产出 | | 1. 小组讨论发言。<br>2. 考核测评。 |
| 评价反馈 | | 结合课堂讲解和网络平台资源完成任务,评价指标详见教材活页 3-3-2,任务要点:<br>1. 在江苏农林职业技术学院虚拟仿真实验平台完成,能够准确说出 A、B、C 营养液的组成。<br>2. 能够说出 3～5 种常用营养液配方。<br>3. 掌握营养液的配置顺序及计算方法。<br>4. 提出合理化建议和意见 |
| 附件 | | 1. 任务过程记录。<br>2. 任务考核评价表。 |

## 3-3-1 配置水肥一体化营养液任务记录表

| 序号 | 任务内容 | 要点记录 | 完成时间 | 备注 |
|---|---|---|---|---|
| 1 | 教材内容阅读 | | | |
| 2 | 视频及其他材料 | | | |
| 3 | 平台登录及功能选择 | | | |
| 4 | 选择配方 | | | |
| 5 | 设置 A、B、C 营养液容量和浓缩倍数 | | | |
| 6 | 计算营养液各元素质量 | | | |
| 7 | 配置营养液 | | | |
| 8 | 实践运用 | | | |

## 3-3-2 任务考核评价表

| 序号 | 评价指标 | 评价依据 | 评分标准 | 评价 |
|---|---|---|---|---|
| 1 | 工作态度 | 1. 教材内容阅读<br>2. 过程记录 | 见附录 | |
| 2 | 工作质量 | 1. 任务记录<br>2. 课堂互动<br>3. 软件实践<br>4. 实践运用 | 见附录 | |
| 3 | 过程评价 | 1. 过程记录完备<br>2. 过程记录具有思考性 | 见附录 | |
| 4 | 工作效率 | 任务完成时间记录排名 | 见附录 | |
| 5 | 交流交互 | 课堂环节和小组讨论具有交流交互 | 见附录 | |
| 6 | 创新思维 | 创新创意的实用性与实践性 | 见附录 | |
| 7 | 安全意识 | 实践过程中的人身安全与硬软件设施安全防护 | 见附录 | |

# 3-4 奶油生菜生长调控任务概要

| | | |
|---|---|---|
| 知识、技能、素养目标 | 知识目标 | 1. 熟知光、温、水和风等重要的农业气象要素的形成、变化规律及对农业生产的影响。<br>2. 了解农业小气候的特点和调控措施。<br>3. 了解营养基质和营养液指标的测定方法,基质、元素的种类和特点,作物种植措施与施肥方案。<br>4. 了解农业微生物的种类、特性,对作物生长的影响和应用。 |
| | 技能目标 | 1. 掌握基质和溶液的基本性质,能够采集、处理样品,进行养分测定。<br>2. 掌握营养液配比的方法,设计实施配方施肥中的肥料试验。<br>3. 制定作物生长环境调控技术操作规程,组织、实施生产计划。<br>4. 掌握营养液 pH 和 EC 值的调控方法。<br>5. 熟练掌握气象要素数据观测、整理、统计、分析和利用的技术和方法。 |
| | 素养目标 | 1. 培养团队协作精神。<br>2. 培养爱农、知农、兴农情怀。<br>3. 培养细致、严谨的工程思想。<br>4. 培养创新思考精神。 |
| 情境描述 | | 与普通的农田相比,无土栽培技术通过严格控制生菜生长的温湿度,使得其生长周期缩短,一般 35 天左右即可成熟采摘。 |
| 学习内容 | | 任务在江苏农林职业技术学院虚拟仿真实验平台(http://139.224.209.116:8083/#/)完成。在完成任务 3-2 和任务 3-3 之后,通过设置作物环境参数和水肥一体机参数来调节作物的生长期。 |
| 任务流程 | | 步骤 1:阅读案例材料。<br>步骤 2:作物生长策略调控。<br>步骤 3:阅读知识链接。<br>步骤 4:小组讨论。<br>步骤 5:考核测评。 |
| 学习产出 | | 1. 小组讨论发言。<br>2. 考核测评。 |
| 评价反馈 | | 结合课堂讲解和网络平台资源完成任务,评价指标详见教材活页 3-4-2,任务要点:<br>1. 在江苏农林职业技术学院虚拟仿真实验平台完成,能够准确描述奶油生菜的生育期。<br>2. 能够说出奶油生菜生长中的主要调控参数。<br>3. 能够解读奶油生菜生长曲线。<br>4. 尝试设置不同作物和不同生长周期进行仿真实验。 |
| 附件 | | 1. 任务过程记录。<br>2. 任务考核评价表。<br>3. 知识链接——不同生育期奶油生菜环境参数表 |

## 3-4-1　奶油生菜生长调控实践任务记录表

| 序号 | 任务内容 | 要点记录 | 完成时间 | 备注 |
| --- | --- | --- | --- | --- |
| 1 | 教材内容阅读 | | | |
| 2 | 视频及其他材料 | | | |
| 3 | 平台登录及功能选择 | | | |
| 4 | 植物生长策略调控模拟操作 | | | |
| 5 | 查看和分析生长曲线 | | | |
| 6 | 实践运用 | | | |

## 3-4-2 任务考核评价表

| 序号 | 评价指标 | 评价依据 | 评分标准 | 评价 |
|---|---|---|---|---|
| 1 | 工作态度 | 1. 教材内容阅读<br>2. 过程记录 | 见附录 | |
| 2 | 工作质量 | 1. 任务记录<br>2. 课堂互动<br>3. 软件实践<br>4. 实践运用 | 见附录 | |
| 3 | 过程评价 | 1. 过程记录完备<br>2. 过程记录具有思考性 | 见附录 | |
| 4 | 工作效率 | 任务完成时间记录排名 | 见附录 | |
| 5 | 交流交互 | 课堂环节和小组讨论具有交流交互 | 见附录 | |
| 6 | 创新思维 | 创新创意的实用性与实践性 | 见附录 | |
| 7 | 安全意识 | 实践过程中的人身安全与硬软件设施安全防护 | 见附录 | |
| 总分 | | | | |

## 3-4-3 知识链接

不同生育期奶油生菜环境参数表

育苗期、分苗期、定植期、生长期的环境参数见表 3-4-1，参考表中参数在虚拟平台上进行生长模拟。

**表 3-4-1 不同生育期奶油生菜环境参数和水肥一体机指标参考值**

| 生育期 | 参数 | 上限 | 下限 |
|---|---|---|---|
| 育苗期 | 白天环境温度 | 25 ℃ | 20 ℃ |
| | 夜间环境温度 | 25 ℃ | 15 ℃ |
| | 相对湿度 | 80% | 60% |
| | 光照强度 | 2 900 lx | 2 600 lx |
| | 光照时间 | 18 h | 10 h |
| | 液温 | 25 ℃ | 20 ℃ |
| | $CO_2$ | 0.1% | 0.05% |
| | Do | 22% | 18% |
| | pH | 6.8 | 6.0 |
| | EC | 2.5 mS/cm | 1.5 mS/cm |
| 分苗期 | 白天环境温度 | 25 ℃ | 20 ℃ |
| | 夜间环境温度 | 25 ℃ | 18 ℃ |
| | 相对湿度 | 80% | 60% |
| | 光照强度 | 2 900 lx | 2 600 lx |
| | 光照时间 | 18 h | 10 h |
| | 液温 | 25 ℃ | 20 ℃ |
| | $CO_2$ | 0.1% | 0.05% |
| | Do | 22% | 18% |
| | pH | 6.8 | 6.0 |
| | EC | 2.5 mS/cm | 1.5 mS/cm |
| 定植期 | 白天环境温度 | 25 ℃ | 20 ℃ |
| | 夜间环境温度 | 25 ℃ | 18 ℃ |
| | 相对湿度 | 80% | 60% |
| | 光照强度 | 2 900 lx | 2 600 lx |
| | 光照时间 | 18 h | 10 h |
| | 液温 | 25 ℃ | 20 ℃ |
| | $CO_2$ | 0.1% | 0.05% |

续表 3-4-1

| 生育期 | 参数 | 上限 | 下限 |
| --- | --- | --- | --- |
| 定植期 | DO | 22% | 18% |
| | pH | 6.8 | 6.0 |
| | EC | 2.5 mS/cm | 2.0 mS/cm |
| 生长期 | 白天环境温度 | 25 ℃ | 20 ℃ |
| | 夜间环境温度 | 25 ℃ | 15 ℃ |
| | 相对湿度 | 100% | 60% |
| | 光照强度 | 2 900 lx | 2 600 lx |
| | 光照时间 | 14 h | 10 h |
| | 液温 | 25 ℃ | 20 ℃ |
| | $CO_2$ | 0.1% | 0.05% |
| | DO | 22% | 18% |
| | pH | 6.8 | 6.0 |
| | EC | 2.5 mS/cm | 2.0 mS/cm |

# 项目 4
## 3S 技术与精准农业

### 4-1　农业无人机影像分类——监督分类任务概要

| | | |
|---|---|---|
| 知识、技能、素养目标 | 知识目标 | 1. 理解 3S 技术与精准农业的基本概念。<br>2. 了解精准农业中各种核心技术的基本构成、数据获取方法及影响因素、数据的一般处理方法等。<br>3. 了解精准农业中 3S 技术协同应用的方式。 |
| | 技能目标 | 1. 掌握精准农业核心要素数据的获取和处理方法。<br>2. 掌握综合运用 3S 技术部分解决精准农业中相关的技术问题。<br>3. 掌握运用 RS 的相关知识，分析精准农业的 RS 的应用案例。 |
| | 素养目标 | 1. 培养团队协作精神。<br>2. 培养爱农、知农、兴农情怀。<br>3. 培养细致、严谨的工程思想。<br>4. 培养创新思考精神。 |
| 情境描述 | | 获取农田信息的方式主要包括卫星遥感、大型飞机航拍、定点摄像、手持或车载式信息采集和无人机农田信息获取等。我国作物种植情况复杂，作物品种多样，农户规模较小，在较小范用内实现精准农业的情况下，农田信息获取技术尤为重要。对农业无人机影像进行分类，可为提取农田信息、实现精准农业提供基础。 |
| 学习内容 | | 利用 ENVI 软件，对农业无人机影像进行监督分类。 |
| 任务流程 | | 步骤 1:阅读案例材料。<br>步骤 2:遥感影像监督分类操作。<br>步骤 3:阅读知识链接。<br>步骤 4:小组讨论。<br>步骤 5:考核测评。 |

续表

| | |
|---|---|
| 学习产出 | 1. 小组讨论发言。<br>2. 考核测评。 |
| 评价反馈 | 结合课堂讲解和网络平台资源完成任务，评价指标详见教材活页 4-1-2，任务要点：<br>1. 在 ENVI 软件上完成，选择地图类型，并上传数据、创建地图。<br>2. 完成合并波段、类别定义、样本选择、影像分类、分类后处理、精度验证。<br>3. 结合理论和实践对数据进行分析。<br>4. 提出合理化建议和意见。 |
| 附件 | 1. 任务过程记录。<br>2. 任务考核评价表。<br>3. 知识链接——遥感技术的历史、现状与发展，遥感技术基本原理，遥感影像解译，高光谱遥感。 |

## 4-1-1 农业无人机影像分类任务记录表

| 序号 | 任务内容 | 要点记录 | 完成时间 | 备注 |
|---|---|---|---|---|
| 1 | 教材内容阅读 | | | |
| 2 | 视频及其他材料 | | | |
| 3 | ENVI 软件基本操作 | | | |
| 4 | 图像数据准备 | | | |
| 5 | 图像分类操作 | | | |
| 6 | 实践运用 | | | |

## 4-1-2 任务考核评价表

| 序号 | 评价指标 | 评价依据 | 评分标准 | 评价 |
|---|---|---|---|---|
| 1 | 工作态度 | 1. 教材内容阅读<br>2. 过程记录 | 见附录 | |
| 2 | 工作质量 | 1. 任务记录<br>2. 课堂互动<br>3. 软件实践<br>4. 实践运用 | 见附录 | |
| 3 | 过程评价 | 1. 过程记录完备<br>2. 过程记录具有思考性 | 见附录 | |
| 4 | 工作效率 | 任务完成时间记录排名 | 见附录 | |
| 5 | 交流交互 | 课堂环节和小组讨论具有交流交互 | 见附录 | |
| 6 | 创新思维 | 创新创意的实用性与实践性 | 见附录 | |
| 7 | 安全意识 | 实践过程中的人身安全与硬软件设施安全防护 | 见附录 | |
| 总分 | | | | |

## 4-1-3 知识链接

### 遥感技术的历史、现状与发展

遥感(RS)是以航空摄影技术为基础,在20世纪60年代初发展起来的一门新兴技术。1957年,苏联发射了第一颗人造卫星,标志着航天遥感时代的开始。1972年,美国发射了第一颗陆地卫星,人类进入了太空时代,人们从飞机的高度跨越到从太空高度观测人类生存的地球。经过几十年的发展历程,遥感技术从初期的探测、试验,进入实用化、商业化,到21世纪初遥感技术已广泛应用于资源环境、水文、气象、地质、地理等领域,成为一门实用的、先进的空间探测技术。人类从整体宏观的角度取得了对地球的从未有过的新认识;对太阳系家族的探测,取得了地球起源、生命起源、太阳系实况的最新认识。从1961年发射的TI ROS-1到现在的NOAA极轨气象卫星系列,不仅为人类公益事业做出了很大贡献,而且发现了地球上发生的所有热带风暴,拯救了无数的生命,减少了财产的损失。特别是ERTS、Landsat的多波段、高分辨率的可见光、近红外(以至热红外)图像,把不同季节、不同年份的各个区域的面貌呈现在人们的面前。1978年发射的SEASAT等使人们认识到微波的有效性,可以用这个技术手段拉开地球表面的“面纱”——云,形成了SAR(合成孔径雷达)热。20世纪80年代随着Landsat的私营化、SPOT的发射,尤其是90年代末高空间分辨率的IKONOS卫星的发射等,太空开发逐步进入商业化时代。航天遥感、航空遥感这些专用术语也有了明确的含义。从地面到太空、多平台、多种传感器组成了系统的遥感信息获取系统。这些信息在作物估产、资源勘查、气象预报、地质构造、军事侦察等领域取得了前所未有的应用效果,初步形成了完整的遥感技术体系。

遥感技术总的发展趋势是,提高遥感器的分辨率和综合利用信息的能力,研制先进的遥感器、信息传输和处理设备以实现遥感系统全天候工作和实时获取信息,以及增强遥感系统的抗干扰能力。

现代遥感技术的发展趋势:

(1)进行地面、航空、航天多层次遥感,建立地球环境卫星观测网络。

(2)传感器向电磁波谱全波段覆盖。由紫外谱段逐渐向X射线和$\gamma$射线扩展。从单一的电磁波扩展到声波、引力波、地震波等多种波的综合。

(3)图像信息处理实现光学—电子计算机混合处理,引入其他技术理论方法,实现自动分类和模式识别。

(4)实现遥感分析解译的定量化与精确化。

(5)与GIS和GPS形成一体化的技术系统。

### 遥感技术基本原理

**1. 电磁波谱**

自然界中任何地物都有其自身的波谱特性,由于各种物质组成结构的差异,它们的波谱特性自然就不相同。物质在光、热等作用下都将会产生与其固有特性有关的特定波长的电磁波辐射。物体对电磁波的辐射和反射能力随波长变化而变化,构成了各种物体在不同情况下具有不同的波谱特性。根据波谱特性的差异性,可以揭示不同地物代表的归属。因此,地物的波谱特性是农业遥感技术的重要理论依据，也是遥感波谱段选择和遥感仪器设计的重要参考因素，是对遥感数据进行研究的理论基础。遥感技术就是根据这些原理，根据不同物体对波谱产生不同响应，识别地面上各类地物；也就是利用地面上空的飞机、飞船、卫星等飞行物上的遥感器收集地面数据资料，并从中获取信息，经记录、传送、分析和判读来识别地物。遥感技术通常使用绿光、红光和红外光 3 种光谱波段进行探测。绿光段一般用来探测地下水、岩石和土壤的特性；红光段探测植物生长、变化及水污染等；红外光段探测土地、矿产及资源。此外，还有微波段，用来探测气象云层及海底鱼群的游弋。

目前遥感应用的各波段及特性如图 4-1-1 所示。

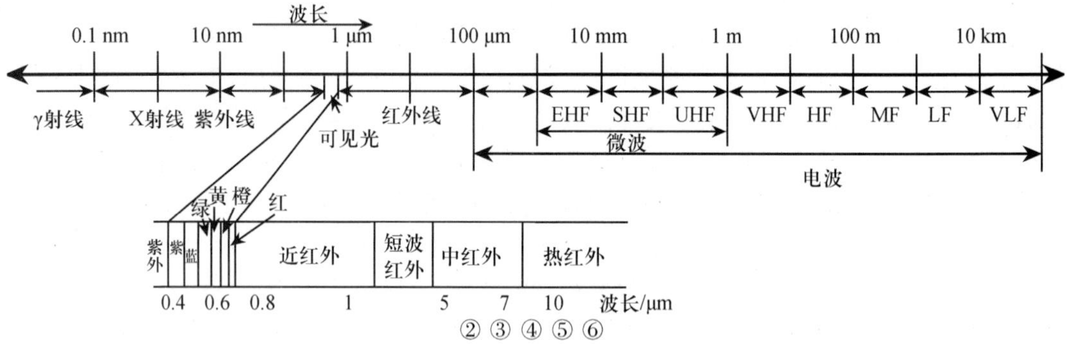


**图 4-1-1　电磁波谱**

(1) 紫外线。波长为 0.01～0.4 μm，主要源于太阳辐射，通过大气层时被吸收，只有 0.3～0.4 μm 能部分地穿过大气层，但散射严重。大多数地物在该波段的反差较小，仅萤石和石油等部分地物能在此波段表现出来。紫外遥感除在石油普查勘探中应用外，在其他领域较少使用。另外，由于大气层中臭氧对紫外线的强烈吸收与散射作用，紫外遥感通常在 2 000 m 高度以下范围进行。

(2) 可见光。波长为 0.4～0.7 μm，主要源于太阳辐射，是遥感成像所使用的主要波段之一，有摄影和扫描两种方式。大部分地物在此波段都具有良好的亮度反差特性，不同地物图像易于区分。可将此波段进一步分为红（0.6～0.7 pm）、绿（0.5～0.6 pm）、蓝（0.4～0.5 μm）以及仅有十几埃差等不同波段，分别对地物进行探测，称为多光谱遥感。航空、航天遥感成像中均用到可见光波段。

(3) 红外线。波长为 0.7 μm 至 1 mm，近红外（0.7～3.0 μm）和短波红外主要源于太阳辐射，中红外（3～5 μm）和热红外（8～14 μm）主要源于太阳辐射及地物热辐射，而远红外（15～30 μm）主要源于地物热辐射。在红外线波段不同的地物间反射特性和发射特性都可以较好地表现出来，除近红外波段可用摄影成像外，整个红外线波段均可用于扫描成像。红外线波段的遥感称为红外遥感，可分为近红外遥感、热红外遥感等。

(4) 微波。波长为 0.001～1 m，由于其波长比可见光、红外线要长，受大气层中云、雾的散射干扰要小，不受光照等条件的限制，因此能全天候进行遥感。使用微波的遥感称为微波遥感。由于地物在微波波段的辐射能量较小，一般由传感器主动向地面目标发射微波，然后记录地物反射回来的电磁波能量，因此这种遥感又称为主动遥感。微波波段在航空、航天遥感中均能应用。

## 2. 大气窗口

电磁波传播过程中，若通过两种介质的交界面，还会出现反射现象。气体、尘埃的反射作用很小，反射现象主要发生在云层顶部，因此应尽量选择无云的天气接收遥感信号。由于大气对电磁波散射和吸收等因素的影响，使一部分波段的太阳辐射在大气中的透过率很小或根本无法通过。电磁波辐射在大气传输中透过率较高的波段称为大气窗口。为了利用地面目标反射或辐射的电磁波信息成像，遥感中对地物特性进行探测的电磁波“通道”应选择在大气窗口内，表 4-1-1 列举了主要几类大气窗口。

**表 4-1-1　主要几类大气窗口**

| 大气窗口 | 波段 | 波段说明 |
| --- | --- | --- |
| 0.3～1.3 μm | 紫外、可见光、近红外波段 | 摄影成像的最佳波段，也是许多卫星传感器扫描成像的常用波段，如 Landsat 卫星的 TM（专题成像仪）1～4 波段 |
| 1.5～1.8 μm<br>2.0～3.5 μm | 近、中红外波段 | 白天日照条件好时扫描成像的常用波段，如 TM 的 5～7 波段等，用以探测植物含水量以及云、雪，或用于地质制图等 |
| 3.5～5.5 μm | 中红外波段 | 除来自反射光外，也来自地面物体自身发射的热辐射能量。如 NOAA 卫星的 AVHRR 传感器用 3.55～3.93 μm 探测海面温度，获得昼夜云图 |
| 8～14 μm | 远红外波段 | 来自地物热辐射的能量，适于夜间成像 |
| 0.8～2.5 cm | 微波波段 | 穿云透雾能力强，这一区间可以全天候观测，而且是主动遥感方式，如侧视雷达。Radarsat 的卫星雷达影像也在这一区间，常用的波段为 0.8 cm、3 cm、5 cm、10 cm，甚至可将该窗口扩展至 0.05～300 cm |

## 3. 反射率

入射到物体表面的电磁波与物体之间发生三种作用：反射、吸收和透射。地物对电磁波反射、透射、吸收的能力常用反射率、透射率、吸收率来表示。不同地物的反射、透射和吸收能力是不相同的。目前遥感中传感器记录的主要是地物本身发射的电磁波信息和地物反射太阳光中的电磁波信息，这里主要讨论地物对电磁波的反射特性。

通常反射率（reflectance）定义为物体的反射通量与入射通量之比，即 $\rho=E_\rho/E$。这是在理想的漫反射情况下的定义，是指在整个电磁波波长范围的平均反射率。实际上由于物体的固有结构特点，对不同波长的电磁波是选择性反射的。因此，我们定义光谱反射率（spectral reflectance）$\rho_\lambda$ 为：地物在某波段的反射通量与该波段的入射通量之比，即 $\rho_\lambda=E_{\rho\lambda}/E_\lambda$，也就是某个特定波长间隔下测定的物体反射率。连续波长测定的物体反射率曲线构成反射率波谱（reflectance spectrum）。地物波谱反射率随波长变化而改变的特性称为地物反射波谱特性。将地物的波谱反射率与波长的关系在直角坐标系中描绘出的曲线称为地物反射特性曲线。这种用二维几何空间内的曲线表示，横坐标表示波长 $\lambda$（或者波段序号），纵坐标表示反射率不同地物有不同的光谱反射率 $\rho$（或者像素值），称为“波谱曲线”。同一地物在不同波段有不同的光谱反射率。因此在同一幅图像上不同的地物会有不同的色调（彩）；同一地物在不同的波段的图像也会有不同的色调（彩）。

地物的光谱反射率与电磁波入射通量和地物本身性质有关。而许多因素会引起入射通量及地物性质的变化，如太阳位置（太阳高度角和方位角）、遥感器位置（遥感器的观测角和方位角)地理位置、地形、季节、气候变化、地面湿度变化地物本身的变异、大气形状等。地物本身的变异,会使其反射率有很大的变化。时间的推移也会使同一种地物的光谱反射特性产生变化。

### 遥感影像解译

遥感影像(remote sensing image)是指记录各种地物电磁波大小的胶片或照片,主要分为航空像片和卫星相片。一幅遥感数字图像通常含有多个波段,每一个波段数据组成一幅图像。图像又由含有一定位置信息和像素信息的像元组成。每一个像元由一个灰度值表示,而灰度值的取值范围由遥感传感器的辐射分辨率确定。一般遥感图像处理的内容主要包括预处理、增强处理、逐像元变换三个方面。在数字图像处理中,图像处理采用的技术方法决定了图像处理的效果和性能,是多种技术综合应用的结果。另外,应用多种方法的组织也很重要,因为同样的处理方法、不同的处理顺序,效果往往不同,因此图像处理前需明确处理目的、掌握图像特点、选取合适方法,有针对性地进行组合处理,以达到较为满意的处理效果。

影像判读是利用提取图像特征,借助模型和算法,对图像信息进行识别、分类、解译和评价。影像判读是最终目的,遥感所获得的影像大多是可见光彩色影像,可通过目视判读,也可以用地理信息系统进行分析。现在的航空遥感利用数码相机获得影像,在全球定位系统和地理信息系统的支持下,可进行影像的校正和拼接,图像配准并拼接完成后,即可进行影像的判读。

遥感影像的计算机处理是在将影像数字化后,再进行各种校正、变换、分类等,使遥感信息充分发挥其效能,减轻人工判读人员的工作量,有利于定量分析。在遥感图像使用前通常要对图像存在的某些误差和偏差进行校正,这种校正主要分为对像元位置误差进行的几何校正和对图像灰度值偏差进行的辐射校正两部分。遥感图像数据变换处理包括图像增强和特征提取。图像增强是为了突出图像中的某些信息(如强化图像高频分量,可使图像中物体轮廓清晰、细节明显),同时抑制或去除某些不需要的信息来提高遥感图像质量的处理方法。图像增强可以改善图像质量,使之更适于人的视觉或机器识别系统。遥感图像增强方法主要包括灰度变换和彩色合成。特征提取可以定量地提取光谱、空间(几何)特征和纹理特征等,包括多光谱图像的波段间运算及不同时期观测的图像间运算,其结果仍可形成图像。光谱特征提取包括颜色及灰度或波段间的亮度比等目标物的光谱特征,它对应于每一个像元,但与像元的排列等空间结构无关,植被指数分析和主成分分析就属此类。

遥感图像通过亮度值或像元值的高低差异(反映地物的光谱信息)及空间变化(反映地物的空间信息)来表示不同地物的差异,这是区分不同图像地物的物理基础。遥感图像分类就是利用计算机通过对遥感图像中各类地物的光谱信息和空间信息进行分析,选择特征,将图像中每个像元按照某种规则或算法划分为不同的类别,然后获得遥感图像中与实际地物的对应信息,从而实现遥感图像的分类。一般的分类方法可以分为两种:监督分类和非监督分类。将多源数据应用于图像分类中,发展成了基于专家知识的决策树分类。此外,还有灰度分割分类方法。

(1)灰度分割。通常又称密度分割或彩色分割,应用于单波段灰度图像的分类方法。假设灰度图像上某像元值范围内表示一种物质,我们将这部分像元从图像上分离出来形成一类,可用于如植被指数、地表温度、地形等数据的分类。

(2) 监督分类。又称"训练分类法",用被确认类别的样本像元去识别其他未知类别像元的过程。它就是在分类之前通过目视判读和野外调查,对遥感图像上某些样区中图像地物的类别属性有了先验知识,对每种类别选取一定数量的训练样本,计算机计算每种训练样区的统计或其他信息,同时用这些种子类别对判决函数进行训练,使其符合于对各种子类别分类的要求;随后用训练好的判决函数去对其他待分数据进行分类,每个像元和训练祥本作比较,按不同的规则将其划分到和其最相似的样本类,以此完成对整个图像的分类。监督分类中常用的具体分类方法包括最小距离分类法、多级切割分类法、特征曲线窗口法、最大似然比分类法等。

(3) 非监督分类。非监督分类,也称为"聚类分析""点群分类"或"边学习边分类法"。在多光谱图像中搜寻、定义其自然相似光谱集群的过程。它不必对图像地物获取先验知识,仅依靠图像上不同类地物光谱(或纹理)信息进行特征提取,再统计特征的差别来达到分类的目的,最后对已分出的各个类别的实际属性进行确认。常用的非监督分类方法包括特征空间图形识别法、聚类法、分裂法、动态聚类法等。

(4) 基于专家知识的决策树分类。基于专家知识的决策树分类是基于遥感图像数据及其他空间数据,通过专家经验总结、简单的数学统计和归纳方法等,获得分类规则并进行遥感分类。分类规则易于理解,分类过程也符合人的认知过程。

目视解译是遥感影像解译的重要方法,在目前计算机图像处理技术快速发展的时代,目视解译还不可被完全替代,它是计算机解译的重要补充。在实际工作中,先进行计算机图像处理、计算机分类,然后目视解译,对计算机结果进行核对和校正。遥感影像目视判读方法是指根据遥感影像目视解译标志和解译经验,识别目标地物的办法与技巧。遥感扫描影像的判读,要遵循"先图外,后图内,先整体,后局部,勤对比,多分析"的原则,对扫描影像进行认真判读。常用的目视判读方法包括直接判读法、对比分析法、信息覆合法、综合推理法、地理相关分析法。遥感图像目视判读分为 5 个阶段:①目视解译准备工作阶段;②初步解译与判读区的野外考察;③室内详细判读;④野外验证与补判;⑤目视解译成果的转绘与制图。

## 遥感技术的特点

遥感作为一门对地观测综合性技术,它的出现和发展既是人们认识和探索自然界的客观需要,更有其他技术手段无法与之相比的特点。遥感技术的特点归结起来主要有以下 5 个方面。

**1. 可获取大范围数据资料**

遥感用航摄飞机飞行高度为 10 km 左右,陆地卫星的卫星轨道高度达 910 km 左右,可及时获取大范围的信息。例如,一张陆地卫星图像,其覆盖面积可达 3 万多 $km^2$。这些宏观景象的图像数据拓展了人们的视觉空间,为宏观地掌握地面事物的现状创造了极为有利的条件,同时也为宏观地研究自然现象和规律提供了宝贵的第一手资料。这种先进的技术手段是传统的手工作业无法替代的。

**2. 获取信息的速度快,周期短**

由于卫星围绕地球运转,从而能及时获取所经地区的各种自然现象的最新资料,以便更新原有资料,或根据新旧资料变化进行动态监测,这是人工实地测量和航空摄影测量无法比拟的。例如,陆地卫星 4 每 16 天可覆盖地球一遍,NOAA 气象卫星每天能收到两次图像,

Meteosat 每 30 min 获得同地区的图像。

**3. 动态反映地面事物的变化**

遥感探测能周期性、重复地对同地区进行对地观测，获取的数据具有综合性，真实地体现了地质、地貌、土壤、植被、水文、人工构筑物等地物的特征，全面地揭示了地理事物之间的关联性。这有助于人们通过所获取的遥感数据，发现并动态地跟踪地球上许多事物的变化，同时研究自然界的变化规律。

**4. 获取信息受条件限制少**

在地球上有很多地方，自然条件极为恶劣，人类难以到达，如沙漠、沼泽、高山峻岭等。采用不受地面条件限制的遥感技术，特别是航天遥感可方便及时地获取各种宝贵资料。

**5. 获取信息的手段多，信息量大**

根据不同的任务，遥感技术可选用不同波段和遥感仪器来获取信息。例如可采用可见光探测物体，也可采用紫外线、红外线和微波探测物体。利用不同波段对物体不同的穿透性，还可获取地物内部信息。例如，地面深层、水的下层、冰层下的水体、沙漠下面的地物特性等，微波波段还可以全天候地工作。遥感技术所获取信息量极大，其处理手段是人力难以胜任的。例如 Landsat 卫星的 TM 图像，一幅覆盖 185 km × 185 km 地面面积，像元空间分辨率为 30 m，像元光谱分辨率为 28 位的图，其数据量约为 6 000 b × 6 000 b=36 Mb。若将 6 个波段全部输入计算机，其数据量为 36 Mb × 6 = 216 Mb，大大超过了传统方法所获取的信息量。

### 高光谱遥感

光学遥感技术的发展经历了全色（黑白）→彩色摄影→多波谱扫描成像→高光谱遥感 4 个历程。高光谱遥感（hyperspectal remote sensing，即高光谱分辨率遥感）是用很窄而连续的波谱通道对地物持续遥感成像的技术。在可见光到短波红外波段，其波谱分辨率高达纳米数量级，通常具有波段多的特点，波谱通道多达数十甚至数百个，而且各波谱通道间往往是连续的，因此高光谱遥感又通常被称为“成像波谱（imaging spectrometry）遥感”。高光谱遥感是指将遥感成像技术和光谱分析技术相结合，利用几百乃至上千个小于 10 nm 的电磁波波段从地表目标物体获取连续光谱曲线，从而形成图像和光谱合一的高精度遥感方法。在传统的二维遥感的基础上增加了光谱维，形成了一种独特的三维遥感，能够同时获取二维空间数据和一维光谱数据。应用高光谱遥感等方法进行定量遥感，是当前遥感前沿技术之一，如图 4-1-2 所示。

常规遥感属于宽波段遥感，波段宽度一般大于 100 nm，且所采用的遥感波段在可见光至红外光（400～2 400 nm）光谱范围内并不连续。例如，多波段光谱扫描仪（MSS）和专题成像仪（TM），其波段在光谱上并不连续，且波段宽度一般为 100～200 nm，远宽于地物的诊断性光谱宽度（20～40 nm），因而无法探测某些物质。高光谱遥感可以将视域中观测到的各种地物以完整的光谱曲线记录下来，获取连续的光谱信息，其本身的波段数已达几百至上千个，加上原始光谱的一阶导数、二阶导数、对数变换及其各种高光谱植被指数等，信息量可增加数十倍以至数百倍；其次，高光谱遥感的光谱分辨率一般小于 10 nm，低于地表物质的诊断性光谱宽度（20～40 nm），从而使在宽波段遥感中不可探测的物质，在高光谱遥感中能被探测。

与传统多光谱遥感相比，高光谱遥感技术的特点：①能够获得海量遥感成像数据；②可提供空间域信息和光谱域信息，即“图谱合一”，且由图像数据反演出的像元光谱曲线可以和实验室所测得的同类地物光谱曲线相类比；③高光谱成像数据窄波段通信信息信噪比较低；

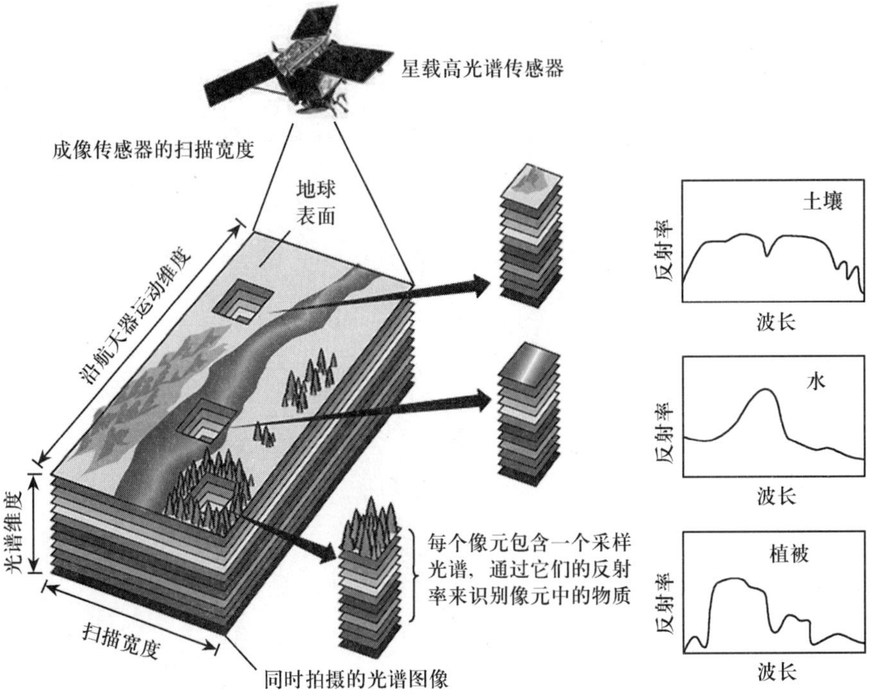


图 4-1-2　高光谱数据特征

④高光谱成像数据应用成像范围更大，应用领域更广。高光谱遥感凭借极高的光谱分辨率，在快速、精确地进行作物生长信息的提取、作物长势监测、作物胁迫监测、估算植被（作物）初级生产力与生物量、估算光能利用率和蒸散量以及作物品质遥感监测预报等农业定量遥感应用中日益广泛。目前，在农业的地面遥感方面已经取得了较大进展，但由地面光谱向高空的反演仍处于探索阶段。随着星—机—地一体化技术的发展，可以通过卫星遥感数据更为准确地获取田间作物高光谱信息，为精准农业管理提供决策依据。

# 4-2　农业专题地图——江苏省小麦产量专题地图任务概要

| | | |
|---|---|---|
| 知识、技能、素养目标 | 知识目标 | 1. 理解地理信息系统的基本概念。<br>2. 了解 GIS 的基本构成与功能。<br>3. 了解空间数据表现与地图制图的相关知识。<br>4. 了解专题地图设计的相关规范。 |
| | 技能目标 | 1. 掌握专题地图的制作和表现方法。<br>2. 掌握专题地图数据的获取、处理与整合方法。 |
| | 素养目标 | 1. 培养团队协作精神。<br>2. 培养爱农、知农、兴农情怀。<br>3. 培养细致、严谨的工程思想。<br>4. 培养创新思考精神。 |
| 情境描述 | | 农业资源分布具有强烈的地域性和明显的季节性，表现出极其复杂的时空变化组合特征，采用传统的数据表格和文字描述方式，通常难以得出直观和清晰的农业资源与生产状况的地域分布规律。地理信息系统技术可以将农业相关的信息绘制成专题地图，以直观展现农业资源的空间分布特征。 |
| 学习内容 | | 利用地图慧大众制图服务，为 2020 年江苏省小麦产量数据制作专题地图，实现江苏省各市小麦产量分布情况的直观展示。 |
| 任务流程 | | 步骤 1：阅读案例材料。<br>步骤 2：专题地图操作。<br>步骤 3：阅读知识链接。<br>步骤 4：小组讨论。<br>步骤 5：考核测评。 |
| 学习产出 | | 1. 小组讨论发言。<br>2. 考核测评。 |
| 评价反馈 | | 结合课堂讲解和网络平台资源完成任务，评价指标详见教材活页 4-1-2，任务要点：<br>1. 在地图慧平台上完成，完成选择地图类型，并上传数据创建地图。<br>2. 完成地图设置后生成完整地图。<br>3. 结合理论和实践进行分析。<br>4. 提出合理化建议和意见。 |
| 附件 | | 1. 任务过程记录。<br>2. 任务考核评价表。<br>3. 数据链接——地理空间数据获取与应用。 |

## 4-2-1 农业专题地图任务记录表

| 序号 | 任务内容 | 要点记录 | 完成时间 | 备注 |
|---|---|---|---|---|
| 1 | 教材内容阅读 | | | |
| 2 | 视频及其他材料 | | | |
| 3 | 地图慧平台注册 | | | |
| 4 | 图像数据准备 | | | |
| 5 | 专题地图制作和生成 | | | |
| 6 | 实践运用 | | | |

## 4-2-2 任务考核评价表

| 序号 | 评价指标 | 评价依据 | 评分标准 | 评价 |
|---|---|---|---|---|
| 1 | 工作态度 | 1. 教材内容阅读<br>2. 过程记录 | 见附录 | |
| 2 | 工作质量 | 1. 任务记录<br>2. 课堂互动<br>3. 软件实践<br>4. 实践运用 | 见附录 | |
| 3 | 过程评价 | 1. 过程记录完备<br>2. 过程记录具有思考性 | 见附录 | |
| 4 | 工作效率 | 任务完成时间记录排名 | 见附录 | |
| 5 | 交流交互 | 课堂环节和小组讨论具有交流交互 | 见附录 | |
| 6 | 创新思维 | 创新创意的实用性与实践性 | 见附录 | |
| 7 | 安全意识 | 实践过程中的人身安全与硬软件设施安全防护 | 见附录 | |
| 总分 | | | | |

## 4-2-3 知识链接

地理空间数据获取与应用

**1. 空间数据模型**

地理数据也可以称为空间数据(spatial data)。地理空间是指物质、能量、信息的存在形式在形态、结构过程、功能关系上的分布方式和格局及其在时间上的延续。地理信息系统中的地理空间分为绝对空间和相对空间两种形式。绝对空间是具有属性描述的空间位置的集合,它由一系列不同位置的空间坐标值组成;相对空间是具有空间属性特征的实体的集合,由不同实体之间的空间关系构成。在地理信息系统应用中,空间概念贯穿于整个工作对象、工作过程、工作结果等各个部分。空间数据就是以不同的方式和来源获得的数据,如地图、各种专题图、图像、统计数据等,这些数据都具有能够确定空间位置的特点。

空间数据模型是关于现实世界中空间实体及其相互间联系的概念,它为描述空间数据的组织和设计空间数据库模式提供基本方法。因此,对空间数据模型的认识和研究在设计 GIS 空间数据库和发展新一代 GIS 系统的过程中起着举足轻重的作用。

**2. 空间数据的获取与处理**

空间数据获取是地理信息系统建设首先要进行的任务,它可以有多种实现方式,包括数据转换、遥感数据处理以及数字测量等,其中已有地图的数字化录入,是目前被广泛采用的手段,也是最耗费人力资源的工作。在 GIS 中,录入的内容包括空间信息和非空间信息,前者是录入的主体。目前,空间信息的录入主要有两种方式,即手扶跟踪数字化和扫描矢量化,在图形数据录入完毕后,需要进行各种处理,包括坐标变换、拼接等,其中最重要的是建立拓扑关系。在拓扑关系建立过程中,需要先修改各种错误。

**3. 空间数据管理**

一个信息系统及其数据库的组成,决定于系统的应用目的、数据类型和系统的工作方式。关于地理信息系统的内容及其功能,以及地理信息系统的一个重要特点,或者说是与一般管理信息系统的区别,是数据具有空间分布的性质。对地理信息系统来讲,不仅数据本身具有空间属性,系统的分析和应用也无不与地理环境直接关联。地理信息系统的这一基本特征,深刻地影响着数据的结构、数据库的设计、分析算法和软件,以及系统的输入和输出。

从数据源的角度来看,图形和图像数据是地理信息系统数据的一个主要来源,分析处理的结果也常用图形的方式来表示。

描述地理实体的数据本身的组织方法,称为内部数据结构。空间数据结构是指适合于计算机系统存储、管理和处理的地学图形的逻辑结构,是地理实体的空间排列方式和相互关系的抽象描述。它是对数据的一种理解和解释,不说明数据结构的数据是毫无用处的,不仅用户无法理解,计算机程序也不能正确处理。对同样的一组数据,按不同的数据结构去处理,得到的可能是截然不同的内容。空间数据结构是地理信息系统沟通信息的桥梁,只有充分理解地理信息系统所采用的特定数据结构,才能正确地使用系统。内部数据结构基本上可分为两大类:矢量数据结构和栅格数据结构(也可以称为矢量模型和栅格模型),如图 4-2-1 所示。两类结构都可用来描述地理实体的点、线、面三种基本类型。

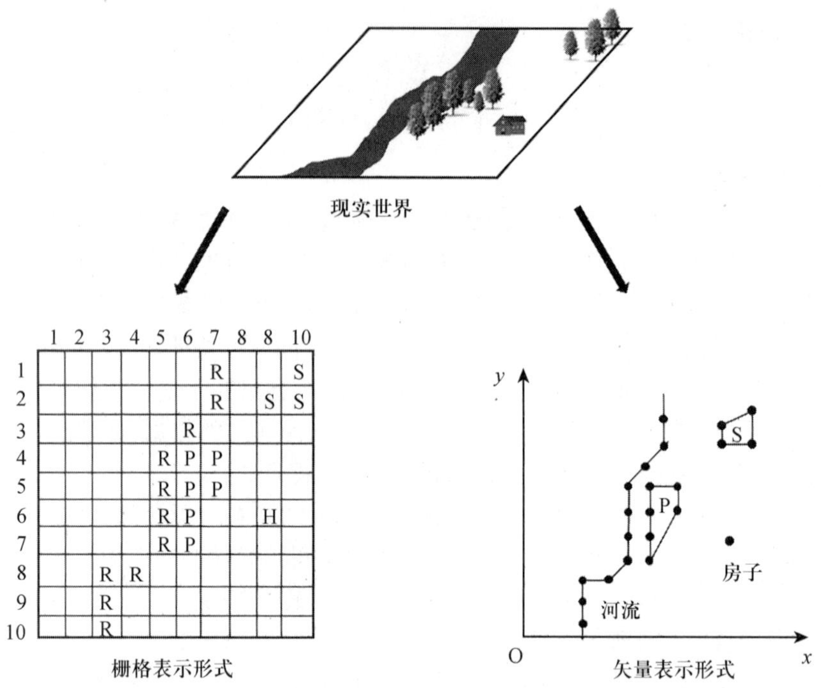


图 4-2-1　栅格、矢量数据结构

空间数据编码是空间数据结构的实现,即将根据地理信息系统的目的和任务所搜集的、经过审核了的地形图、专题地图和遥感影像等资料按特定的数据结构转换为适合于计算机存储和处理的数据的过程。由于地理信息系统数据量极大,一般采用压缩数据的编码方式以减少数据冗余。在地理信息系统的空间数据结构中,栅格结构的编码方式主要有直接栅格编码、链码、游程长度编码、块码、四杈树码等;矢量结构主要有坐标序列编码、树状索引编码和二元拓扑编码等编码方法。

在矢量模型中,现实世界的要素位置和范围可以采用点、线或面表达,与它们在地图上表示相似,每一个实体的位置是用它们在坐标参考系统中的空间位置(坐标)定义。地图空间中的每一位置都有唯一的坐标值。点、线和多边形用于表达不规则的地理实体在现实世界的状态(多边形是由若干直线围成的封闭区域的边界)。一条线可能表达一条道路,一个多边形可能表达一块林地等。矢量模型中的空间实体与要表达的现实世界中的空间实体具有一定的对应关系。

在栅格模型中,空间被规则地划分为栅格(通常为正方形)。地理实体的位置和状态是用它们占据的栅格的行、列来定义的。每个栅格的大小代表了定义的空间分辨率。由于位置是由栅格行列号定义的,所以特定的位置由距它最近的栅格记录决定。例如,某个区域被划分成 $10 \times 10$ 个栅格,那么仅能记录位于这 $10 \times 10$ 个栅格附近的物体的位置。栅格的值表达了这个位置上物体的类型或状态。采用栅格方法,空间被划分成大量规则格网,而且每个栅格取值可能不一样。空间单元是栅格,每一个栅格对应于一个特定的空间位置,如地表的一个区域,栅格的值表达了这个位置的状态。与矢量模型不一样,栅格模型最小单元与它表达的真实世界空间实体没有直接的对应关系。栅格数据模型中的空间实体单元不是通常概念上理解的物体，它们只是彼此分离的栅格。例如，道路作为明晰的栅格是不存在的，栅格的值才表达了路是一个实体。道路是被具有道路属性值的一组栅格表达的，这条路不可能通过某一栅格实体被识别出来。在这两种数据结构中，空间信息都是使用统一的单位表达。在栅格方法中，统一的单位是栅格（栅格是不可再分的，其属性用于表达对应位置物体的性质），表达一个区域所用栅格的数量很大，但其栅格单元的大小一样。栅格数据文件包含有上百万个栅格，每个栅格的位置都被严格定义。在矢量方法中，统一的单元是点、线和多边形，与栅格方法相比，在数量上所用的表达单元较少，但大小可变。在矢量文件中，元素的个数或许数千个，但毕竟没有栅格数据那么多。同一类型的矢量单元的位置是用连续坐标值定义。矢量数据提供的坐标位置比栅格数据用行、列号所表达位置更精确。这两种方法各有优缺点，究竟采用何种数据结构，取决于利用数据的目的。有些地理现象用栅格数据表达更合适；有些地理现象则用矢量数据更有利，以便表达它们之间的空间关系。

**4. 矢量电子地图**

无论古代、现代还是将来，地图总是重要的信息形式。在计算机图形图像技术应用于地图制作之前，各部门一般都使用纸质地图或工程图纸。纸质地图有以下一些缺点：①在查阅、计算距离和标注地名符号等方面都是人工操作；②不能对一幅纸地图进行修改、缩小比例和分层读图；③地图局部放大只能借助于放大镜，被放大的区域很小且操作不方便。随着技术的发展，人们对地图的要求进一步提高。由于传统纸质地图效率、速度和精度很低，因此难以适应现代和未来科技发展。而通过 GIS 工具，可以把纸质地图经过一系列处理而转换成可以在屏幕上显示的电子化地图，可以满足人们使用地图的新的要求。为了讨论问题方便，将矢量电子地图定义如下：当纸质地图经过计算机图形图像系统光—电转换量化为点阵数字图像，经图像处理和曲线矢量化，或者直接进行手扶跟踪数字化后，生成可以为地理信息系统显示、修改、标注、漫游、计算、管理和打印的矢量地图数据文件，这种与纸质地图相对应的计算机数据文件称为矢量化电子地图。这种地图工作时需要有应用软件和硬件系统的支撑。对矢量化地图的操作是以人机交互方式，通过 GIS 应用软件对硬件设备的控制来实现的。在硬件系统及相应的地理信息系统软件支持下，矢量电子地图与纸质地图相比有如下优点：

(1)计算距离和标注地名符号快速准确。

(2)可对地图局部放大、全图缩小和移动显示，漫游功能很强。

(3)分层显示地图（当对地图上各种信息分不同层归类存放后，则可以显示某些层，关闭不显示的层）。

(4)可以以图元为单位进行信息编辑修改，人机交互画线标注符号文字，删除地图上多余的信息。

(5)可以通过计算机网络进行电子地图传递，提供信息共享，传递的速度快，保密性强。

# 4-3 农业空间数据分析应用任务概要

| | | |
|---|---|---|
| 知识、技能、素养目标 | 知识目标 | 1. 理解地理信息系统的基本概念。<br>2. 了解 GIS 的基本构成与功能。<br>3. 了解空间数据表现与地图制图的相关知识。<br>4. 了解专题地图设计的相关规范。 |
| | 技能目标 | 1. 掌握专题地图的制作和表现方法。<br>2. 掌握专题地图数据的获取、处理与整合方法。 |
| | 素养目标 | 1. 培养团队协作精神。<br>2. 培养爱农、知农、兴农情怀。<br>3. 培养细致、严谨的工程思想。<br>4. 培养创新思考精神。 |
| 情境描述 | | 农业气象数据通过气象站点观测获取，利用空间数据分析方法，挖掘提取点位尺度的农业气象数据中的空间信息及隐含信息，并绘制出专题地图，将有助于直观展示农业气象数据的空间分布特征并为进行更多农业生产相关的辅助决策提供支持。 |
| 学习内容 | | 利用 ArcGIS 10 软件，对华东地区部分省的农业气象数据中的年均降雨量进行空间插值并制作专题地图，实现年均降雨量空间信息的提取及空间分布特征的直观展示。 |
| 任务流程 | | 步骤 1：阅读案例材料。<br>步骤 2：农业气象数据空间插值操作。<br>步骤 3：阅读知识链接。<br>步骤 4：小组讨论。<br>步骤 5：考核测评。 |
| 学习产出 | | 1. 小组讨论发言。<br>2. 考核测评。 |
| 评价反馈 | | 结合课堂讲解和网络平台资源完成任务，评价指标详见教材活页 4-3-2，任务要点：<br>1. 在 ArcGIS Desktop 上完成，完成任务流程中每一步，打开图层、空间插值、调整显示区域、导出空间插值数据、分段设色、制作并导出专题地图。<br>2. 对提出的问题能够结合理论和实践进行分析。<br>3. 提出合理化建议和意见。 |
| 附件 | | 1. 任务过程记录。<br>2. 任务考核评价表。<br>3. 知识链接——空间数据分析与数字地图。 |

## 4-3-1 农业空间数据分析应用任务记录表

| 序号 | 任务内容 | 要点记录 | 完成时间 | 备注 |
|---|---|---|---|---|
| 1 | 教材内容阅读 | | | |
| 2 | 视频及其他材料 | | | |
| 3 | ArcGIS 软件基本使用 | | | |
| 4 | 实验数据集准备 | | | |
| 5 | 农业气象数据空间插值操作 | | | |
| 6 | 实践运用 | | | |

## 4-3-2 任务考核评价表

| 序号 | 评价指标 | 评价依据 | 评分标准 | 评价 |
|---|---|---|---|---|
| 1 | 工作态度 | 1. 教材内容阅读<br>2. 过程记录 | 见附录 | |
| 2 | 工作质量 | 1. 任务记录<br>2. 课堂互动<br>3. 软件实践<br>4. 实践运用 | 见附录 | |
| 3 | 过程评价 | 1. 过程记录完备<br>2. 过程记录具有思考性 | 见附录 | |
| 4 | 工作效率 | 任务完成时间记录排名 | 见附录 | |
| 5 | 交流交互 | 课堂环节和小组讨论具有交流交互 | 见附录 | |
| 6 | 创新思维 | 创新创意的实用性与实践性 | 见附录 | |
| 7 | 安全意识 | 实践过程中的人身安全与硬软件设施安全防护 | 见附录 | |
| 总分 | | | | |

## 4-3-3 知识链接

空间数据分析与数字地图

**1. 空间数据分析**

空间数据分析根据作用的数据性质不同，可以分为：①基于空间图形数据的分析运算；②基于非空间属性的数据运算；③空间和非空间数据的联合运算。空间数据分析赖以进行的基础是地理空间数据库，其运用的手段包括各种几何的逻辑运算、数理统计分析、代数运算等数学手段，最终的目的是解决人们所涉及的地理空间的实际问题，提取和传输地理空间信息，特别是隐含信息以辅助决策。

空间查询与量算：查询和定位空间对象，并对空间对象进行量算是地理信息系统的基本功能之一，它是地理信息系统进行高层次分析的基础。在地理信息系统中，为进行高层次分析，往往需要查询定位空间对象，并用一些简单的量测值对地理分布或现象进行描述，如长度、面积、距离、形状等。实际上，空间分析首先始于空间查询和量算，它是空间分析的定量基础。

图形与属性互查：是最常用的查询，主要有两类。第一类是按属性信息的要求来查询定位空间位置，称为“属性查图形”。如在中国行政区划图上查询人口大于 4 000 万且城市人口大于 1 000 万的省级行政区有哪些，这和一般非空间的关系数据库的 SQL 查询没有区别，查询到结果后，再利用图形和属性的对应关系，进一步在图上用指定的显示方式将结果定位绘出。第二类是根据对象的空间位置查询有关属性信息，称为“图形查属性”。如一般地理信息系统软件都提供一个“INFO”工具，让用户利用光标，用点选、画线、矩形、圆、不规则多边形等工具选中地物，并显示出所查询对象的属性列表，可进行有关统计分析。该查询通常分为两步，首先借助空间索引，在地理信息系统数据库中快速检索出被选空间实体，然后根据空间实体与属性的连接关系即可得到所查询空间实体的属性列表。

几何量算：对不同的点状、线状、面状地物有不同的含义。点状地物(0 维) ——坐标；线状地物(1 维) ——长度、曲率、方向；面状地物(2 维) ——面积、周长、形状、曲率等；体状地物(3 维) ——体积、表面积等。一般的 GIS 软件都具有对点、线、面状地物的几何量算功能，或者是针对矢量数据结构，或者是针对栅格数据结构的空间数据。

空间变换：地理信息系统通常是按有一定意义的图层和相应的属性建立空间数据库的。为了满足特定空间分析的需要，需对原始图层及其属性进行一系列的逻辑或代数运算，以产生新的具有特殊意义的地理图层及其属性，这个过程称为空间变换。空间变换可以基于单个图层进行，也可以对多个图层，基于多个图层的变换，将在叠加分析中介绍。地理信息系统中空间数据可分为矢量和栅格两种数据结构。由于矢量结构中包含了大量的拓扑信息，数据组织复杂，使得空间变换十分烦琐。而栅格结构简单规则，空间变换比较容易。另外，基于矢量结构的空间变换，对于单个图层意义不大，生成新图层时往往需要多个图层的信息，在多图层叠加分析中意义很大。基于栅格结构的空间变换可分为三种方式：①单点变换；②邻域变换；③区域变换。

再分类：通过分类找出隐藏信息是地理信息系统的重要功能之一。与传统地图相比，地图上所载负的数据是经过专门分类和处理过的，而地理信息系统存储的数据则具有原始数据的性质，所以可以根据不同的需要对数据再进行分类和提取。由于这种分类是对原始数据进行的再次分类组织，因此称为再分类（reclassification）。地理信息系统区别于其他信息系统的方面是其对空间信息的处理功能，同时也提供了对非空间属性的处理功能，尽管比较简单，但它在实际应用中有着重要的作用。根据地理信息的非空间属性，如材料、价值、使用性质等进行再分类，这种纯粹基于非空间属性的分类，与其他信息系统对简单结构化的数据进行分类的方法是一样的，可以使用经典的数理统计方法，如主成分分析、层次分析、聚类分析、判别分析等等。这种分类属于普通的分类，它不改变地物已有的属性值，而只是根据地物的属性，将它们划分到相应的类别中。点、线状地物的再分类，对于矢量数据结构可以通过简单的修改属性表中的数值来实现，对于栅格数据结构也可以通过修改属性值来获得新的点、线地物。面状地物的再分类，对于栅格数据结构则和点、线分类一样，简单的改变属性数值并改变图例表现这一变化。例如，有一个栅格图，属性值从 1～15 分别代表一种农作物，如果 1～5 及 13 为粮食作物，其他代表经济作物，可将 1～5 和 13 重新赋值 1，其他数赋值 2，则可得到只有粮食作物和经济作物两类地物的栅格图，并改变图例体现这一变化。对于矢量数据结构的面状地物再分类，则需要同时改变实体的几何形状和属性。首要的任务是去掉将要合并的多边形之间的分界线（line dissolve），再把这两个多边形的属性值变为同一属性。

缓冲区分析：邻近度（proximity）描述了地理空间中两个地物距离相近的程度，其确定是空间分析的一个重要手段。交通沿线或河流沿线的地物有其独特的重要性，公共设施（商场、邮局、银行、医院、车站、学校等）的服务半径，大型水库建设引起的搬迁，铁路、公路以及航运河道对其所穿过区域经济发展的重要性等，均是一个邻近度问题。缓冲区分析是解决邻近度问题的空间分析工具之一。所谓缓冲区就是地理空间目标的一种影响范围或服务范围。图 4-3-1 为点对象、线对象、面对象及对象集合的缓冲区示例。

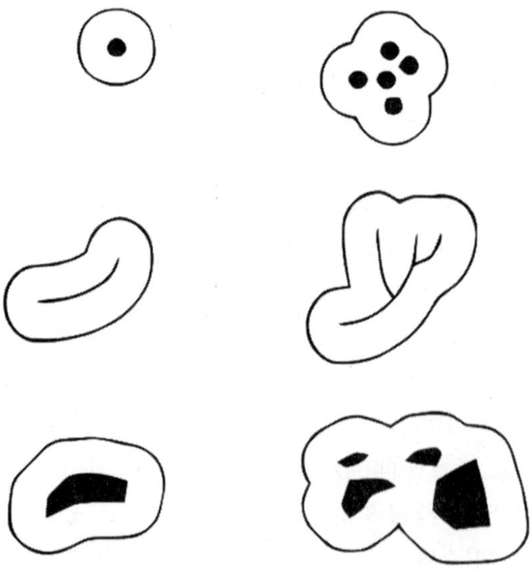

**图 4-3-1　点、线、多边形的缓冲区**

叠加分析：大部分 GIS 软件是以分层的方式组织地理景观，将地理景观按主题分层提取，同一地区的整个数据层集表达了该地区地理景观的内容。每个主题层，可以叫作一个数据层面。数据层面既可以用矢量结构的点、线、面图层文件方式表达，也可以用栅格结构的图层文件格式进行表达。叠加分析是地理信息系统最常用的提取空间隐含信息的手段之一。该方法源于传统的透明材料叠加,即将来自不同的数据源的图纸绘于透明纸上,在透光桌上将其叠放在一起,然后用笔勾出感兴趣的部分,提取出感兴趣的信息。地理信息系统的叠加分析是将有关主题层组成的数据层面进行叠加,产生一个新数据层面的操作,其结果综合了原来两层或多层要素所具有的属性,见图 4-3-2。叠加分析不仅包含空间关系的比较,还包含属性关系的比较。地理信息系统叠加分析可以分为以下几类:视觉信息叠加、点与多边形叠加、线与多边形叠加、多边形叠加、栅格图层叠加。

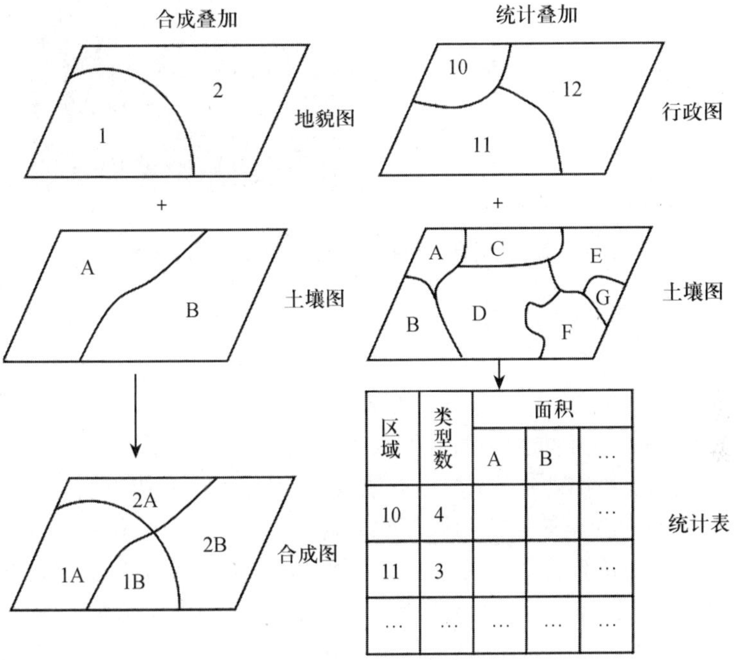


图 4-3-2　叠加分析

网络分析:对地理网络(如交通网络)、城市基础设施网络(如各种网线、电力线、电话线、供排水管线等)进行地理分析和模型化,是地理信息系统中网络分析功能的主要目的。网络分析是运筹学模型中的一个基本模型,它的根本目的是研究、筹划一项网络工程如何安排,并使其运行效果最好,如一定资源的最佳分配,从一地到另一地的运输费用最低等。其基本思想则在于人类活动总是趋于按一定目标选择达到最佳效果的空间位置。这类问题在社会经济活动中不胜枚举,因此在地理信息系统中此类问题的研究具有重要意义。

空间插值:空间插值常用于将离散点的测量数据转换为连续的数据曲面,如图 4-3-3 所示,以便与其他空间现象的分布模式进行比较,它包括了空间内插和外推两种算法。空间内插算法是一种通过已知点的数据推求同一区域其他未知点数据的计算方法;空间外推算法则是通过已知区域的数据,推求其他区域数据的方法。在以下几种情况下必须做空间插值:

(1) 现有的离散曲面的分辨率,像元大小或方向与所要求的不符,需要重新插值。例如将一个扫描影像(航空像片、遥感影像)从一种分辨率或方向转换到另一种分辨率或方向的影像。

(2)现有的连续曲面的数据模型与所需的数据模型不符,需要重新插值。如将一个连续的曲面从一种空间切分方式变为另一种空间切分方式,从TIN(不规则三角网)到栅格、栅格到TIN或矢量多边形到栅格。

(3)现有的数据不能完全覆盖所要求的区域范围,需要插值。如将离散的采样点数据内插为连续的数据表面。

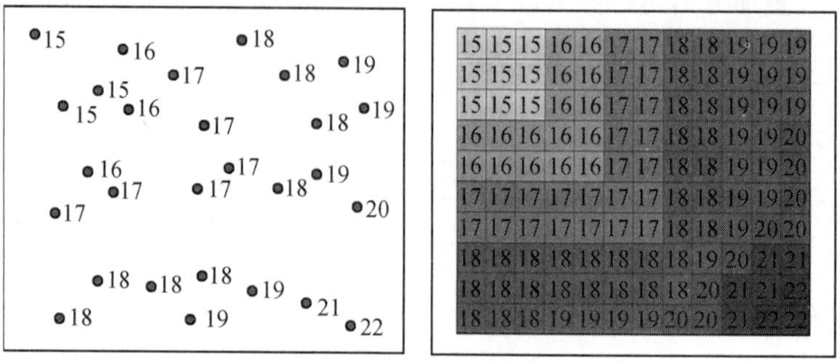


**图 4-3-3 空间插值原始观测点与插值结果示意图**

空间插值的理论假设是空间位置上越靠近的点,越可能具有相似的特征值;而距离越远的点,其特征值相似的可能性越小。然而,还有另外一种特殊的插值方法——分类,它不考虑不同类别测量值之间的空间联系,只考虑分类意义上的平均值或中值,为同类地物赋属性值。它主要用于地质、土壤、植被或土地利用的等值区域图或专题地图的处理,在"景观单元"或图斑内部是均匀和同质的,通常被赋给一个均一的属性值,变化发生在边界上。

空间插值方法可以分为整体插值和局部插值两类。整体插值方法用研究区所有采样点的数据进行全区特征拟合;局部插值方法是仅仅用邻近的数据点来估计未知点的值。整体插值方法通常不直接用于空间插值,而是用来检测不同于总趋势的最大偏离部分,在去除了宏观地物特征后,可用剩余残差来进行局部插值。由于整体插值方法将短尺度的、局部的变化看作随机的和非结构的噪声,从而丢失了这一部分信息。局部插值方法恰好能弥补整体插值方法的缺陷,可用于局部异常值,而且不受插值表面上其他点的内插值影响。

空间统计分类分析:多变量统计分析主要用于数据分类和综合评价。数据分类方法是地理信息系统重要的组成部分。一般说地理信息系统存储的数据具有原始性质,用户可以根据不同的使用目的,进行提取和分析,特别是对于观测和取样数据,随着采用分类和内插方法的不同,得到的结果有很大的差异。因此,在大多数情况下,首先是将大量未经分类的数据输入信息系统数据库,然后要求用户建立具体的分类算法,以获得所需要的信息。综合评价模型是区划和规划的基础。从人类认识的角度来看有精确的和模糊的两种类型,因为绝大多数地理现象难以用精确的定量关系划分和表示,因此模糊的模型更为实用,结果也往往更接近实际。综合评价一般经过四个过程:评价因子的选择与简化;多因子重要性指标(权重)的确定;因子内各类别对评价目标的隶属度确定;选用某种方法进行多因子综合。

分类和评价的问题通常涉及大量的相互关联的地理因素,主成分分析方法可以从统计意义上将各影响要素的信息压缩到若干合成因子上,从而使模型大大简化;因子权重的确定是建立评价模型的重要步骤,权重正确与否极大地影响评价模型的正确性,而通常的因子权重却依赖较多的主观判断,层次分析法是综合众人意见,科学地确定各影响因子权重的简单而有效的数学手段。隶属度反映因子内各类别对评价目标的不同影响，依据不同因子的变化情况确定，常采用分段线性函数或其他高次函数形式计算。常用的分类和综合的方法包括聚类分析和判别分析两大类。聚类分析可根据地理实体之间影响要素的相似程度，采用某种与权重和隶属度有关的距离指标，将评价区域划分若干类别；判别分析类似于遥感图像处理的分类方法，即根据各要素的权重和隶属度，采用一定的评价标准将各地理实体判归最可能的评价等级或以某个数据值所示的等级序列上；分类定级是评价的最后一步，将聚类的结果根据实际情况进行合并，并确定合并后每一类的评价等级，对于判别分析的结果序列采用等间距或不等间距的标准划分为最后的评价等级。

**2. 空间数据表现与地图制图**

从某种角度上来讲，地理信息系统可以称为"动态的地图"，它提供了比普通地图更为丰富和灵活的空间数据表现方式，如动态信息表达、虚拟现实等。但是，从另外的角度来看，制图学又是一门艺术，单纯依靠计算机系统是难以制作完美的地图的，它需要人工的交互干预，如制图综合，目前还没有任何 GIS 软件能够很好地解决这些问题。地图是记录地理信息的一种图形语言形式，从历史发展的角度来看，地理信息系统脱胎于地图，并成为地图信息的又一种新的载体形式，它具有存储、分析、显示和传输的功能，尤其是计算机制图为地图特征的数字表达、操作和显示提供了成套方法，为地理信息系统的图形输出设计提供了技术支持；同时，地图仍是目前地理信息系统的重要数据来源之一。但二者又有本质区别：地图强调的是数据分析、符号化与显示，而地理信息系统更注重于信息分析。地图学理论与方法对地理信息系统的发展有着重要的影响，特别是地理信息系统中的空间数据表现许多技术来源于地图学，但是，其表现手段更加灵活和丰富。计算机制图是地图学中较新的一个领域，也是地理信息系统输出、显示结果的一个重要部分。计算机制图的主要内容是将地图设计和绘制通过计算机程序和相应的绘图硬件来实现。地图符号已经可以完全由计算机绘制。对地图特征的许多处理，如分类、空间插值等均可用计算机来实现。利用计算机对线状要素进行制图综合也已经取得很大进步。计算机图形学是利用计算机处理图形信息以及借助图形信息进行人—机通信处理的技术，是 GIS 算法设计的基础，GIS 是随着计算机图形学技术的发展而不断发展完善的。从地理信息系统的发展过程可以看出，地理信息系统的产生、发展与制图信息系统存在着密切的联系，两者的相通之处是基于空间数据库的表达、显示和处理。从系统构成与功能上看，一个地理信息系统具有机助制图系统的所有组成和功能，并且地理信息系统还有数据处理的功能。地图是一种图解图像，是根据地理思想对现实世界进行科学抽象和符号表示的一种地理模型，是地理思维的产物，也是实体世界地理信息的高效载体，地图可以从不同方面、不同专题，系统地记录和传输实体世界历史的、现在的和规划预测的地理景观信息。

地图对它所表现的地面上的景物，应能按比例尺衡量。比例尺是地图上直线长度与地面上相应距离的水平投影长度之比。如地图上注有比例尺 1∶50 000，表示图上地物的长度相当于相应地面地物长度的 1∶50 000。这个尺度对大比例尺地图来说，基本上适合图上各个部分。因此，可以认为，比例尺是地图线形缩小程度的标志，它是构成地图数学要素的基本组成部分之一。地图上各种地物之间的关系，要求按数学法则构成，这就是先将地球自然表面的景物垂直投影到地球椭球面（或球面）上，再将地球椭球面（或球面）按数学法则投影到平面上而构成地图。这种按数学法则将地球椭球面（或球面）转绘到平面上的方法，叫地图投影。按这种方法建立的数学基础，才能使地球表面上各点和地图平面上的相应各点保持一定的函数关系，从而才能在地图上准确地表达空间各要素的关系和分布规律，才可能反映出它们之间的方向、距离和面积，使地图具有区域性和可量测性。

地图符号是表达地图内容的基本手段，它不仅能表示事物的空间位置、形状、质量和数量特征，而且还可以表示各事物之间的相互联系及区域总体特征。图形符号是由形状、尺寸和颜色三个基本因素所组成，具有系统化的特点；注记是地图符号的一个重要部分，它也有形状、尺寸和颜色的区别。根据事物分布的特点，地图符号有面状、点状和线状之分。这些符号运用在表示专题要素的分布、质量和数量特征以及动态变化时，形成了许多表示法，如范围法、质地法、量底法、等值线法、定点符号法、线状符号法、动线法、点值法、定域统计图法、色级统计图法以及定位统计图法。表示地形的主要方法有等高线法、分层设色法、晕渲法等。

地图符号是表示地图内容的基本手段，它由形状不同、大小不一、色彩有别的图形和文字组成。地图符号是地图的语言，是一种图形语言。它与文字语言相比较，最大的特点是形象直观。就单个符号而言，它可以表示某个事物的空间位置、大小、质量和数量特征；就同类符号而言，可以反映各类要素的分布特点；而各类符号的总和，则可以表明各类要素之间的相互关系及区域总体特征。因此，地图符号不仅具有确定客观事物空间位置、分布特点以及质量和数量特征的基本功能，而且还具有相互联系和共同表达地理环境各要素总体的特殊功能。

**3. 专题地图的定义与构成**

专题地图是突出地表示一种或几种自然现象和社会经济现象的地图。按内容可分为三大类：自然地图、社会经济地图和其他专题地图。自然地图表示自然界各种现象的特征、地理分布及其相互关系，如地质图、水文图等；社会经济地图表示各种社会经济现象的特征、地理分布及其相互关系，如人口图、行政区划图等；其他专题地图，指不属于上述两类的专题地图，如航海图、航空图等。专题地图的种类很多，但大都是由地理基础和专题内容组成的。地理基础即普通地图上的一部分内容要素，如经纬网、水系、居民点、交通线、地势等。地理基础作为编绘专题内容的骨架，并表示专题内容的地理位置和说明专题内容与地理环境的关系。专题地图上表示哪些地理基础要素和详细程度如何，是根据专题内容的不同而有所不同。专题内容，从资料来讲，一是将普通地图内容中一种或几种要素显示得比较完备和详细，而将其他要素放到次要地位或省略，如交通图等；二是包括在普通地图上没有的和地面上看不见的或不能直接测量的专题要素，如人口密度图。

专题地图不仅要有科学性，而且也要有艺术性。图面设计包括图名、比例尺、图例、插图(或附图)、文字说明和图廓整饰等。

(1)图名：专题地图的图名要求简明图幅的主题，一般安放在图幅上方中央。字体要与图幅大小相称，以等线体或美术体为主。

(2)比例尺：比例尺有两种表示方法：一是用文字(如一比四百万)或数字(如 1 : 4 000 000)表示；二是用图解比例尺表示。图解比例尺间隔也有两种划分方法，一种是按单位长度划分，表明代表的实际长度；一种是按实地公里数划分，每格是按比例计算在图上的长度。比例尺一般放在图例的下方，也可放置在图廓外下方中央或图廓内上方图名下处。

(3)图例：图例符号是专题内容的表现形式，图例中符号的内容、尺寸和色彩应与图内一致，多半放在图的下方。

(4)附图：附图是指主图外加绘的图件，在专题地图中，它的作用主要是补充主图的不足。专题地图中的附图，包括重点地区扩大图、内容补充图、主图位置示意图、图表等。附图放置的位置应灵活。

(5)文字说明:专题地图的文字说明和统计数字,要求简单扼要,一般安排在图例中或图中空隙处。其他有关的附注也应包括在文字说明中。专题地图的总体设计,一定要视制图区域形状、图面尺寸、图例和文字说明、附图及图名等多方面内容和因素具体灵活运用,使整个图面生动,可获得更多的信息。

# 4-4 全球定位系统数据测算农田面积任务概要

<table>
<tr><td rowspan="3">知识、技能、素养目标</td><td>知识目标</td><td>1. 理解 GPS 的基本概念。<br>2. 了解 GPS 的基本构成与功能。<br>3. 了解 GPS 的定位原理。</td></tr>
<tr><td>技能目标</td><td>1. 掌握静态 GPS 定位观测和数据处理方法。<br>2. 掌握 GPS-RTK 数字测图方法。</td></tr>
<tr><td>素养目标</td><td>1. 培养团队协作精神。<br>2. 培养爱农、知农、兴农情怀。<br>3. 培养细致、严谨的工程思想。<br>4. 培养创新思考精神。</td></tr>
<tr><td colspan="2">情境描述</td><td>随着精准农业不断发展,农田面积测量对于精度、效率的要求越来越高。GPS 技术在面积测量方面的快速、准确正越来越得到人们的认可。GPS 测量面积的优点在于,对于不规则形状农田,比如说坡面面积,利用 GPS 采集数据测量面积,远比人为进行估算测量更为准确。</td></tr>
<tr><td colspan="2">学习内容</td><td>利用测亩王手机 App,对不规则农田进行面积测算。</td></tr>
<tr><td colspan="2">任务流程</td><td>步骤 1:阅读案例材料。<br>步骤 2:农田面积测算。<br>步骤 3:阅读知识链接。<br>步骤 4:小组讨论。<br>步骤 5:考核测评。</td></tr>
<tr><td colspan="2">学习产出</td><td>1. 小组讨论发言。<br>2. 考核测评。</td></tr>
<tr><td colspan="2">评价反馈</td><td>结合课堂讲解和网络平台资源完成任务,评价指标详见教材活页 4-4-2,任务要点:<br>1. 完成手机 App 测亩王的下载安装。<br>2. 完成使用测亩王进行农田面积测算。<br>3. 结合理论和实践进行分析。<br>4. 提出合理化建议和意见。</td></tr>
<tr><td colspan="2">附件</td><td>1. 任务过程记录。<br>2. 任务考核评价表。<br>3. 知识链接——全球定位系统原理,精准农业。</td></tr>
</table>

## 4-4-1 全球定位系统数据测算农田面积任务记录表

| 序号 | 任务内容 | 要点记录 | 完成时间 | 备注 |
|---|---|---|---|---|
| 1 | 教材内容阅读 | | | |
| 2 | 视频及其他材料 | | | |
| 3 | 测亩王手机 App 安装与使用 | | | |
| 4 | 不规则农田进行面积测算 | | | |
| 5 | 实践运用 | | | |

## 4-4-2 任务考核评价表

| 序号 | 评价指标 | 评价依据 | 评分标准 | 评价 |
|---|---|---|---|---|
| 1 | 工作态度 | 1. 教材内容阅读<br>2. 过程记录 | 见附录 | |
| 2 | 工作质量 | 1. 任务记录<br>2. 课堂互动<br>3. 软件实践<br>4. 实践运用 | 见附录 | |
| 3 | 过程评价 | 1. 过程记录完备<br>2. 过程记录具有思考性 | 见附录 | |
| 4 | 工作效率 | 任务完成时间记录排名 | 见附录 | |
| 5 | 交流交互 | 课堂环节和小组讨论具有交流交互 | 见附录 | |
| 6 | 创新思维 | 创新创意的实用性与实践性 | 见附录 | |
| 7 | 安全意识 | 实践过程中的人身安全与硬软件设施安全防护 | 见附录 | |
| 总分 | | | | |

## 4-4-3 知识链接

### 全球定位系统原理

**1. GPS 定位原理**

GPS 定位的基本原理是测量出已知位置的卫星到用户接收机之间的距离，然后综合多颗卫星的数据计算出接收机的具体位置。卫星的位置可以根据星载时钟所记录的时间在卫星星历中查出，而用户到卫星的距离则通过记录卫星信号传播到用户所经历的时间，再将其乘以光速得到。由于大气层电离层的干扰，这一距离并不是用户与卫星之间的真实距离，而是伪距。当 GPS 卫星正常工作时，会不断地用 1 和 0 二进制码元组成的伪随机码（简称伪码）发射导航电文。GPS 卫星部分的作用就是不断地发射导航电文。然而，由于用户接收机使用的时钟与卫星星载时钟不可能总是同步，所以除了用户的三维坐标 $X$、$Y$、$Z$ 外，还要引进一个 $\Delta t$ 即卫星与接收机之间的时间差作为未知数。所以如果想知道接收机所处的位置，至少要能接收到 4 个卫星的信号。

GPS 定位的基本原理是根据高速运动的卫星瞬间位置作为已知的起算数据，采用空间距离后方交会的方法，确定待测点的位置。如图 4-4-1 所示，假设 $t$ 时刻在地面待测点上安置 GPS 接收机，可以测定 GPS 信号到达接收机的时间 $\Delta t$，再加上接收机所接收到的卫星星历等其他数据可以确定图 4-4-1 中的 4 个方程式。4 个方程式中待测点坐标 $x$、$y$、$z$ 和 $Vt_0$ 为未知参数，其中 $d_i=c\Delta t_i$（$i$=1.2、3、4），$d_i$（$i$=1、2、3、4）分别为卫星 1、卫星 2、卫星 3、卫星 4 到接收机

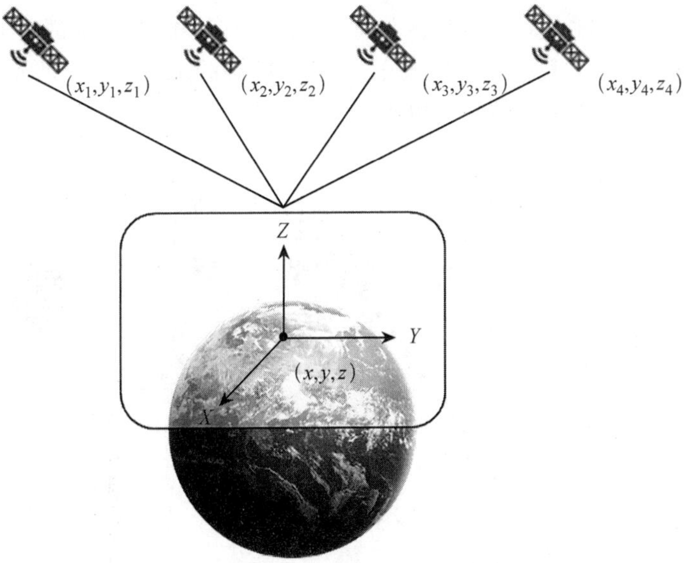


$$[(x_1-x)^2+(y_1-y)^2+(z_1-z)^2]^{1/2}+(Vt_1-Vt_0)=d_1$$

$$[(x_2-x)^2+(y_2-y)^2+(z_2-z)^2]^{1/2}+(Vt_2-Vt_0)=d_2$$

$$[(x_3-x)^2+(y_3-y)^2+(z_3-z)^2]^{1/2}+(Vt_3-Vt_0)=d_3$$

$$[(x_4-x)^2+(y_4-y)^2+(z_4-z)^2]^{1/2}+(Vt_4-Vt_0)=d_4$$

**图 4-4-1　GPS 定位原理示意图**

之间的距离；$\Delta t_i$（$i$=1、2、3、4）分别为卫星 1、卫星 2、卫星 3、卫星 4 的信号到达接收机所经历的时间；$c$ 为 GPS 信号的传播速度（即光速；$x$、$y$、$z$ 为待测点坐标的空间直角坐标；$x_i$、$y_i$、$z_i$（$i$=1、2、3、4）分别为卫星 1、卫星 2、卫星 3、卫星 4 在 $t$ 时刻的空间直角坐标，可由卫星导航电文求得。$Vt_i$（$i$=1、2、3、4）分别为卫星 1、卫星 2、卫星 3、卫星 4 的卫星钟的钟差，由卫星星历提供。$Vt_0$ 为接收机的钟差。由以上 4 个方程即可解算出待测点的坐标 $x$、$y$、$z$ 和接收机的钟差 $Vt_0$。对于动态用户，除了确定接收机天线的位置之外还需要测定航速，即接收机的运动速度。原则上可以利用相邻时刻的定位结果求得这一段时间的平均航速。为了提高测速精度，可用差分 GPS 测速法。

目前，GPS 采用的码类有 P 码（precision 或 protect）和 C/A 码（coarse/aquisition）两种伪随机码。P 码定位精度高，保密性好，仅用于美国军方和特定用户实时定位，精度可达 10 m，时间精度为 20～30 ns，三维速度精度优于 3 cm/s。C/A 码仅供民用。美国政府对 C/A 码采取选择可用性（seletive availaibilty）限制，简称 SA 限制。SA 限制是人为降低非授权用户定位精度的一种措施，使定位精度由可能的 30 m 增大到 100 m。

**2. 差分定位原理**

差分 GPS（differential GPS-DGPS，DGPS）是首先利用已知精确三维坐标的差分 GPS 基准台，求得伪距修正量或位置修正量，再将这个修正量实时或事后发送给用户（GPS 导航仪），对用户的测量数据进行修正，以提高 GPS 定位精度，如图 4-4-2 所示。差分 GPS 分为单基准站差分、多基准站的局部区域差分和广域差分三种类型。从差分所用的信号信息，可分为码相位和载波相位。根据差分 GPS 基准站发送的信息方式可将差分 GPS 定位分为三类，即：位置差分、伪距差分和相位差分。差分 GPS（DGPS）是在正常的 GPS 外附加（差分）修正信号，此改正信号改善了 GPS 的精度。这三类差分方式的工作原理是相同的，即都是由基准站发送改正数，由用户站接收并对其测量结果进行改正，以获得精确的定位结果。所不同的是，发送改正数的具体内容不一样，其差分定位精度也不同。

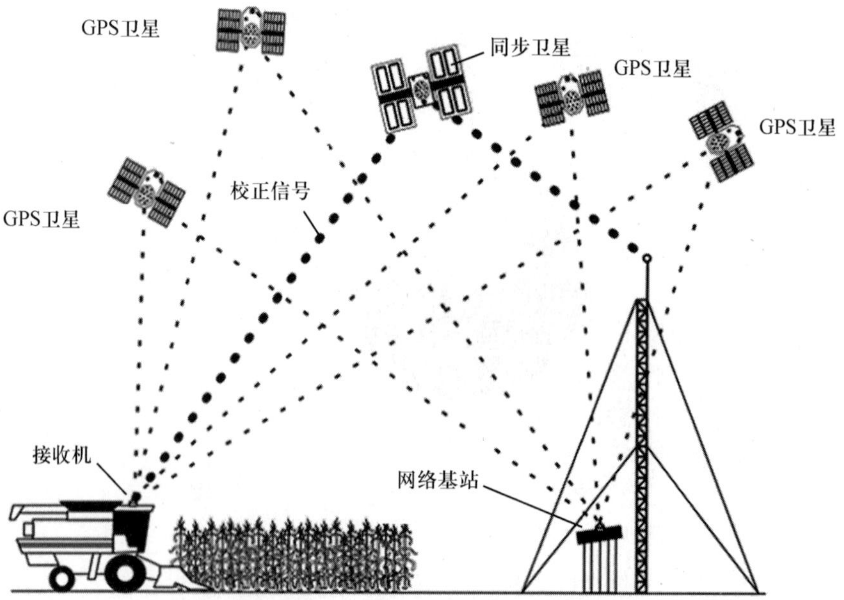


**图 4-4-2　差分 GPS 定位示意图**

## 精准农业

**1. 精准农业及其关键技术**

精准农业充分体现了因地制宜、科学管理的思想理念，充分利用信息获取手段，分析作物营养状况、土壤供肥能力和病虫害的空间和时间变化量来进行耕作和田间管理决策，能够因地制宜地进行水肥等农业资源投入。它一反传统农业大面积、大群体平均投入的资源浪费型做法，既保证了作物生产潜力的充分发挥，又避免了过量施用化肥、农药造成的生产成本增加、农田水土环境污染和农产品品质下降的严重后果，可在减少投入的情况下增加（或维持）产量、提高品质、降低成本、节约资源、减少污染、保护生态，以求农业生产的最佳效果和最低代价。因此，精准农业也是一种基于可持续发展战略思想的农业生产管理技术，能够取得显著的经济和生态效应，这些对于最大限度挖掘耕地生产潜力、实现农业生产要素高效利用和保护农田生态环境具有重大意义。

精准农业系统体系结构：

(1) 全球定位系统。精准农业广泛采用了 GPS 系统用于信息获取和实施的准确定位。为了提高精度广泛采用了 DGPS 技术，即所谓"差分校正全球卫星定位技术"。它的特点是定位精度高，根据不同的目的可自由选择不同精度的 GPS 系统。

(2) 地理信息系统 GIS。精准农业离不开 GIS 的技术支持，它是构成农作物精准管理空间信息数据库的有力工具，田间信息通过 GIS 系统予以表达和处理，是精准农业实施的重要。

(3) 遥感系统。遥感技术是精准农业田间信息获取的关键技术，为精准农业提供农田小区内作物生长环境、生长状况和空间变异信息的技术要求。

(4) 作物生产管理专家决策系统。它的核心内容是用于提供作物生长过程模拟、投入产出分析与模拟的模型库；支持作物生产管理的数据资源的数据库；作物生产管理知识、经验的集合知识库；基于数据、模型、知识库的推理程序；人机交互界面程序等。

(5) 田间肥力、墒情、苗情、杂草及病虫害监测及信息采集处理技术设备。如田间信息适时采集传感器与数据处理方法。

(6) 带 GPS 系统的智能化农业机械装备技术。如带产量传感器及小区产量生成图的收获机械；自动控制精密播种、施肥、洒药机械等。

**2. 3S 技术集成及在农业监测中的应用**

3S 技术为科学研究、政府管理、社会生产提供了新一代的观测手段、描述语言和思维工具。3S 的结合应用，取长补短，是一个自然的发展趋势，三者之间的相互作用形成了"一个大脑，两只眼睛"的框架，即 RS 和 GPS 向 GIS 提供或更新区域信息以及空间定位，GIS 进行相应的空间分析，以及从 RS 和 GPS 提供的浩如烟海的数据中提取有用信息，并进行综合集成，使之成为决策的科学依据。

GIS、RS 和 GPS 三者集成利用，构成整体的、实时的和动态的对地观测、分析和应用的运行系统，提高了 GIS 的应用效率。科学技术发展的速度越来越快，预测方法和手段也逐步完善和提高，不仅使各种作物的最终产量能较准确地估测出来，还能对各类作物在不同生长期的长势进行跟踪监测，从而根据需要采用有效的管理措施，对农作物的生长进行有效的监控，确保农作物的产量稳定增长。

(1) 农作物长势监测：不同生长阶段的作物具有不同的特征，主要表现在其内部成分、结构和外部形态特征等,其中叶面积指数是反映作物长势的个体特征和群体特征的综合指数。遥感的特点是周期性获取目标电磁波谱,所以通过建立遥感植被指数和叶面积指数的数学模型,可以监测作物生长的趋势,根据作物的长势进一步地估测作物产量。

(2)土壤水分含量和分布监测:在植被和非植被两种条件下,热红外波段对水分反应极为敏感,所以可以利用热红外波段遥感来监测土壤和植被的水分。根据相关研究,发现在不同热惯量条件下,遥感波谱间的差异表现明显,所以通过建立热惯量与土壤水分间的数学模型,就能监测出土壤水分含量和分布状况。

(3)农作物病虫害监测:根据遥感手段可以探测出病虫害对作物生长的影响,然后进行跟踪并发现农作物的状况,分析并估算出灾情损失,同时还能监测虫源的分布和活动习性。

# 项目 5
## 农业人工智能应用

## 5-1 百度 EasyDL 零门槛开发平台使用任务概要

<table>
<tr><td rowspan="3">知识、技能、素养目标</td><td>知识目标</td><td>1. 人工智能的基本概念。<br>2. 了解和掌握极简化和零门槛的 AI 开发平台 EasyDL。</td></tr>
<tr><td>技能目标</td><td>1. 掌握利用 EasyDL 平台进行数据采集和处理的技能。<br>2. 掌握利用 EasyDL 平台训练和优化 AI 模型的技能。<br>3. 掌握利用 EasyDL 平台部署 AI 应用的技能。</td></tr>
<tr><td>素养目标</td><td>德、智、体、美、劳全面发展，拥有深厚的人文底蕴、“三农”情怀，具有较强的实践能力、创新能力和良好的科学素养，能将信息技术、现代工程技术和农业有机融合，创新解决农业生产、经营实践问题的意识和自觉。</td></tr>
<tr><td colspan="2">情境描述</td><td>EasyDL 是百度推出的针对 AI 零算法基础或者追求高效率开发的企业用户的零门槛 AI 开发平台，提供从数据采集、标注、清洗到模型训练、部署的“一站式”AI 开发能力。对于各行各业有定制 AI 需求的企业用户来说，无论您是否具备 AI 基础，EasyDL 设计简约，极易理解，最快 5 分钟即可上手学会，15 分钟完成模型训练。</td></tr>
<tr><td colspan="2">学习内容</td><td>1. EasyDL 平台简介，在百度主页导航栏中找到【百度大脑】，在页面上方菜单栏中找到【开发平台】，在弹出的页面中找到【EasyDL 零门槛 AI 开发平台】，在页面中点击“【了解】EasyDL 简介”<br>2. EasyDL 平台操作指南，在 EasyDL 平台页面右上方，点击【使用文档】，即打开平台操作指南。</td></tr>
<tr><td colspan="2">线上资源</td><td>百度 EasyDL 零门槛 AI 开发平台。</td></tr>
<tr><td colspan="2">学习产出</td><td>了解和掌握 EasyDL 平台的操作流程，完成基本教程文档的阅读，了解常规的 AI 知识，通过新手教程完成基本 AI 项目的开发。</td></tr>
</table>

续表

| | |
|---|---|
| 评价反馈 | 结合课堂讲解和网络平台资源完成任务，评价指标详见教材活页 5-1-2，任务要点：<br>1. 在百度 EasyDL 平台上完成，了解 EasyDL 等 AI 开发平台及 AI 应用的开发流程。<br>2. 完成苹果病害检测流程，并得到合理结果。<br>3. 能够在任务实施过程中指出任务存在的问题。<br>4. 对提出的问题能够结合理论和实践进行分析。<br>5. 提出合理化建议和意见。 |
| 附件 | 1. 任务过程记录。<br>2. 任务考核评价表。<br>3. 知识链接——EasyDL 开发平台使用工作流程，人工智能基本原理。 |

## 5-1-1　百度 EasyDL 零门槛开发平台使用任务记录表

| 序号 | 步骤 | 实践目标 | 要点记录 | 完成时间 |
|---|---|---|---|---|
| 1 | 完成用户认证，开启 AI 之旅 | 注册认证用户身份 | | |
| 2 | EasyDL 简介<br>阅读使用文档 | 了解 EasyDL 平台功能和使用流程 | | |
| 3 | 完成新手教程 | 掌握 EasyDL 平台搭建、训练和运行 AI 项目的基本方法 | | |
| 4 | 创建一个新项目 | 参考场景范例，设计完成一个自己的 AI 项目（要求与农业应用相关） | | |

## 5-1-2 任务考核评价表

| 序号 | 评价指标 | 评价依据 | 评分标准 | 评价 |
|---|---|---|---|---|
| 1 | 工作态度 | 1. 教材内容阅读<br>2. 过程记录 | 见附录 | |
| 2 | 工作质量 | 1. 任务记录<br>2. 课堂互动<br>3. 软件实践<br>4. 实践运用 | 见附录 | |
| 3 | 过程评价 | 1. 过程记录完备<br>2. 过程记录具有思考性 | 见附录 | |
| 4 | 工作效率 | 任务完成时间记录排名 | 见附录 | |
| 5 | 交流交互 | 课堂环节和小组讨论具有交流交互 | 见附录 | |
| 6 | 创新思维 | 创新创意的实用性与实践性 | 见附录 | |
| 7 | 安全意识 | 实践过程中的人身安全与硬软件设施安全防护 | 见附录 | |
| 总分 | | | | |

## 5-1-3　知识链接

### EasyDL 开发平台使用工作流程

(1)浏览器中打开百度搜索框,输入“EasyDL”,搜索结果如图 5-1-1 所示。

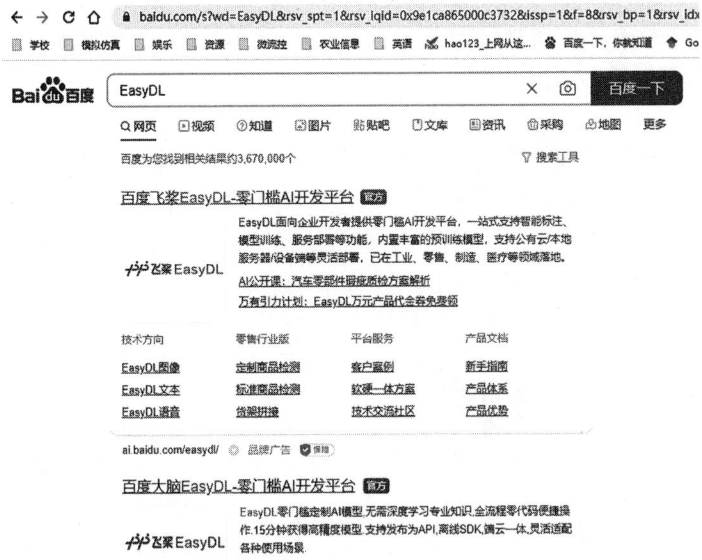


图 5-1-1　百度搜索 EasyDL

(2)点击搜索结果第一项,即可进入 EasyDL 平台主页面,点击主页上【了解】EasyDL 简介视频,如图 5-1-2 所示,观看对 EasyDL 开发平台的简要介绍。然后可以点击上方的“使用文档”,百度提供了平台的详细帮助文档,同学们可以自主学习了解。

图 5-1-2　EasyDL 平台主页面

(3)在主页上选择【上手】新手教程,此时会提示申请注册,如果已注册,即可以开始项目开发实践。

## 人工智能基本原理

**1. 监督学习、非监督学习和强化学习**

监督学习：利用一组已知类别的样本调整分类器的参数，使其达到所要求性能的过程，也称为监督训练或有教师学习。常见的有回归和分类。

非监督学习：在未加标签的数据中，试图找到隐藏的结构。常见的有聚类。

强化学习：智能系统从环境到行为映射的学习，以使奖励信号（强化信号）函数值最大。

**2. 回归、分类和聚类**

（1）回归。回归反映的是数据属性值在时间上的特征，产生一个将数据项映射到一个实值预测变量的函数，发现变量或属性间的依赖关系，主要研究的问题包括数据序列的趋势特征、数据序列的预测以及数据间的关系等。它可以应用到市场营销的各个方面，如客户寻求、保持和预防客户流失活动、产品生命周期分析、销售趋势预测及有针对性的促销活动等，如图 5-1-3 所示。

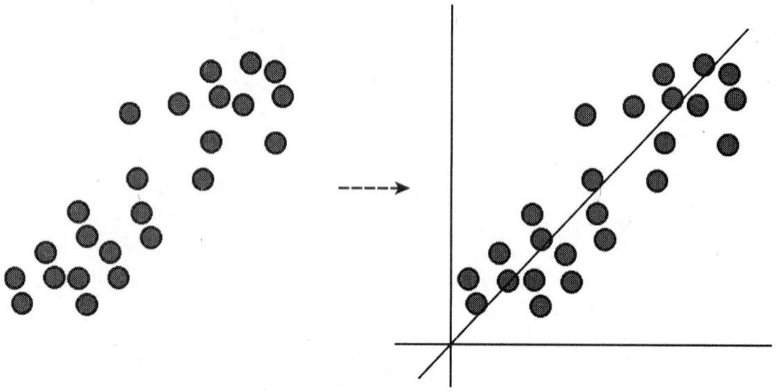

**图 5-1-3　回归概念图示**

（2）分类。分类是找出一组数据对象的共同特点并按照分类模式将其划分为不同的类，其目的是通过分类模型，将数据项映射到某个给定的类别。它可以应用到客户的分类、客户的属性和特征分析、客户满意度分析、客户的购买趋势预测等，如图 5-1-4 所示。

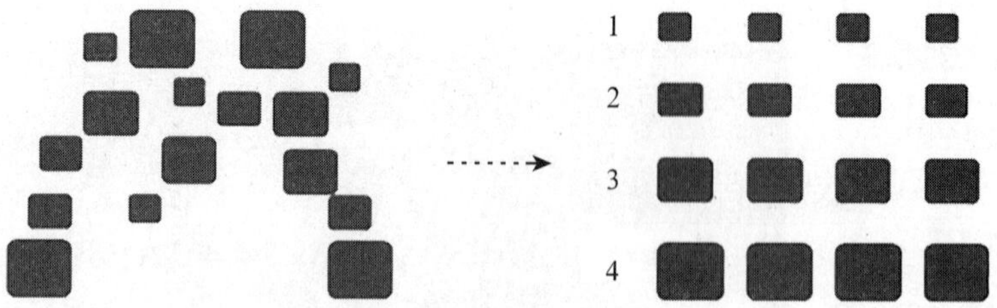


**图 5-1-4　分类概念图示**

（3）聚类。聚类是把一组数据按照相似性和差异性分为几个类别，其目的是使得属于同一类别的数据间的相似性尽可能大，不同类别中的数据间的相似性尽可能小。它可以应用到客户群体的分类、客户背景分析、客户购买趋势预测、市场的细分等，如图 5-1-5 所示。

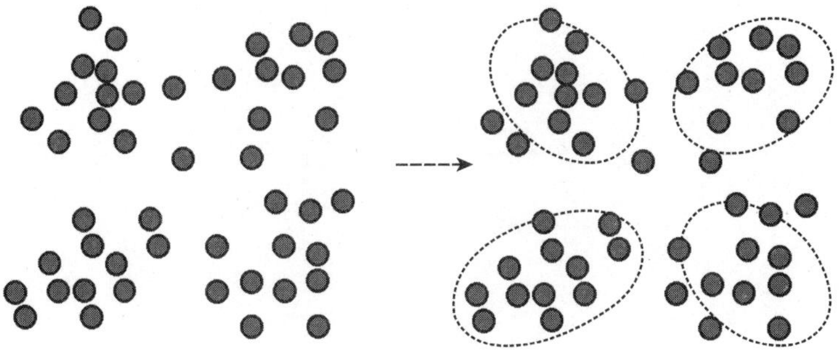

图 5-1-5　聚类概念图示

与分类不同，聚类分析数据对象，而不考虑已知的类标号（一般训练数据中不提供类标号）。聚类可以产生这种标号。对象根据最大化类内的相似性、最小化类间的相似性的原则进行聚类或分组。在一个聚类中的对象具有很高的相似性，而明显已别于其他聚类中的对象。

**3. 国内主要的 AI 开放平台**

由于 AI 人工智能广阔的应用前景，许多国家纷纷布局 AI 的科研和产业发展，目前国内的 AI 开放平台，如百度 AI 开放平台、腾迅 AI 开放平台、华为云 AI 平台 ModelArts、阿里云视觉智能开放平台等，都较具代表性，如图 5-1-6 所示。

图 5-1-6　国内十大 AI 开放平台

# 5-2 农业 AI 应用开发——小麦检测计数任务概要

<table>
<tr><td rowspan="3">知识、技能、素养目标</td><td>知识目标</td><td>1. 人工智能的基本概念。<br>2. 了解和掌握极简化和零门槛的 AI 开发平台 EasyDL。</td></tr>
<tr><td>技能目标</td><td>1. 掌握利用 EasyDL 平台进行数据采集和处理的技能。<br>2. 掌握利用 EasyDL 平台训练和优化 AI 模型的技能。<br>3. 掌握利用 EasyDL 平台部署 AI 应用的技能。</td></tr>
<tr><td>素养目标</td><td>德、智、体、美、劳全面发展，拥有深厚的人文底蕴、“三农”情怀，具有较强的实践能力、创新能力和良好的科学素养，能将信息技术、现代工程技术和农业有机融合，创新解决农业生产、经营实践问题的意识和自觉。</td></tr>
<tr><td colspan="2">情境描述</td><td>小麦生产中需要预估小麦产量，其产量可由单位面积的小麦麦穗数侧面反映，可应用 AI 能力高效解决。</td></tr>
<tr><td colspan="2">学习内容</td><td>利用百度 EasyDL 平台的物体检测服务，对小麦计数数据集进行 AI 处理，实现小麦检测计数，并掌握优化模型提高检测效率和精度的相关技巧。</td></tr>
<tr><td colspan="2">线上资源</td><td>从小麦检测计数模型突破农业 AI 应用，百度 AI 课程资源。</td></tr>
<tr><td colspan="2">学习产出</td><td>1. 构建小麦检测与计数模型；<br>2. 掌握提升模型精度的几个技巧。</td></tr>
<tr><td colspan="2">评价反馈</td><td>结合课堂讲解和网络平台资源完成任务，评价指标详见教材活页 5-1-2，任务要点：<br>1. 在百度 EasyDL 平台上完成小麦检测计数流程，并得到合理结果。<br>2. 能够在任务实施过程中指出任务存在的问题。<br>3. 对提出的问题能够结合理论和实践进行分析。<br>4. 提出合理化建议和意见。</td></tr>
<tr><td colspan="2">附件</td><td>1. 任务过程记录。<br>2. 任务考核评价表。<br>3. 知识链接——物体检测关键技术。</td></tr>
</table>

## 5–2–1 小麦检测计数任务记录表

| 序号 | 步骤 | 实践目标 | 要点记录 | 完成时间 |
|---|---|---|---|---|
| 1 | 数据集准备 | 拆分数据集 | | |
| 2 | 修正标注 | 检查出几种问题标注并作修正 | | |
| | | 掌握多人标注和智能标注 | | |
| 3 | 预训练模型使用 | Baseline 训练后的 mAP 值 | | |
| | | 超大规模预训练后的 mAP 值 | | |
| 4 | 数据增强 | 掌握几种数据增强方法 | | |
| | | 手动数据增强后模型训练的 mAP 值 | | |
| | | 自动数据增强后模型训练的 mAP 值 | | |
| 5 | 超参数调整 | 掌握几种超参数调整方法 | | |
| | | 手动超参调整后模型训练的 mAP 值 | | |
| | | 自动超参调整后模型训练的 mAP 值 | | |
| 6 | 训练参数可视化 | 掌握可视化分析工具的使用 | | |
| 7 | 模型评估 | 整体评估 | | |
| | | 详细指标 | | |
| 8 | 验证模型 | 准确率和召回率 | | |
| 9 | 部署模型 | SDK 发布和激活 | | |

## 5-2-2 任务考核评价表

| 序号 | 评价指标 | 评价依据 | 评分标准 | 评价 |
|---|---|---|---|---|
| 1 | 工作态度 | 1. 教材内容阅读<br>2. 过程记录 | 见附录 | |
| 2 | 工作质量 | 1. 任务记录<br>2. 课堂互动<br>3. 软件实践<br>4. 实践运用 | 见附录 | |
| 3 | 过程评价 | 1. 过程记录完备<br>2. 过程记录具有思考性 | 见附录 | |
| 4 | 工作效率 | 任务完成时间记录排名 | 见附录 | |
| 5 | 交流交互 | 课堂环节和小组讨论具有交流交互 | 见附录 | |
| 6 | 创新思维 | 创新创意的实用性与实践性 | 见附录 | |
| 7 | 安全意识 | 实践过程中的人身安全与硬软件设施安全防护 | 见附录 | |
| 总分 | | | | |

## 5-2-3 知识链接

### 物体检测关键技术

**1. 迁移学习**

所谓迁移学习(transfer learning,TL),是指先进行大数据预训练(pre-training),然后再进行小数据迁移(fine-tuning)的一个过程。如图 5-2-1 所示,传统的机器学习的训练方式是对每一个数据集都进行独立的训练,而迁移学习是在大规模的数据集上进行一个预训练,得到一些先验的知识,然后用于指导一个小数据集的训练。

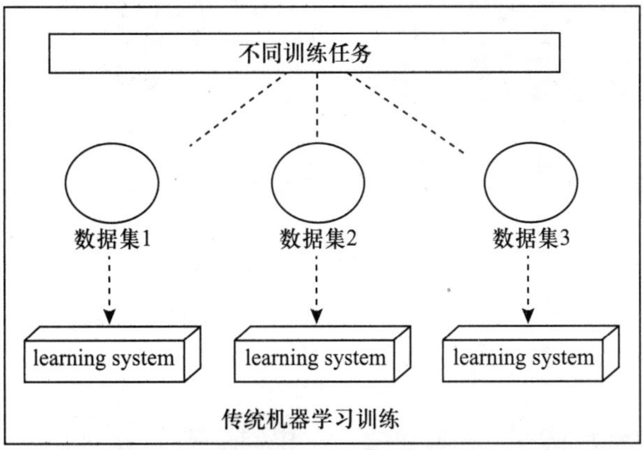


(a)机器学习训练方式

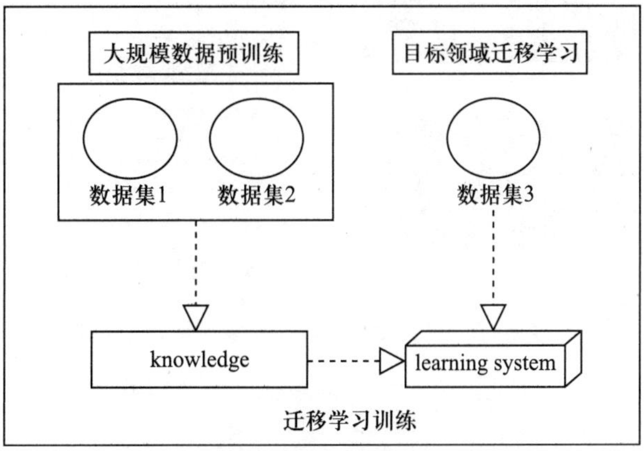


(b)迁移学习训练方式

**图 5-2-1 人工智能学习模型训练方式**

使用迁移学习的原因是由于数据集的稀缺性,传统机器学习每次从零开始训练需要非常多的数据,才能得到一个较好的效果,但事实上很多领域的数据非常难以采集,并且标注的量非常大。另外是训练的时长,传统的机器学习由于数据量大,所以训练时长可能是天级的,而采用迁移学习,则训练时长可以缩短到小时 / 分钟级。

当然,迁移学习也不是万能的,使用的前提是源领域和目标领域要具有相似性,只是目标领域更加定制化和细分化。例如,一个人会骑自行车,那么很容易就能骑电动车,因为两者比较相似；但是会骑自行车，想直接开汽车是不现实的，因为两者有着非常大的差异。

EasyDL 平台已内置了基于海量数据预训练视觉和自然语言处理模型，如在图像分类领域，基于海量互联网数据，拥有 10 万 + 类标签，6 500 万张图片，得到了一个预训练的模型，在平台的多种任务类型中进行实验，结果发现平均精度提高了 3.24%～7.73%，如图 5-2-2 所示。

| 数据集 | ImageNet 预训练模型 | 飞桨大规模分类预训练模型 |
|---|---|---|
| 花卉 | 77.8% | 98.9% |
| 植物叶子 | 68.6% | 76.55% |
| 手绘简笔画 | 87.9% | 91.1% |

平均精度 7.73%

| 数据集 | ImageNet 预训练模型 | 飞桨大规模分类预训练模型 |
|---|---|---|
| 坦克 | 77.5% | 84.4% |
| 金属表面缺陷 | 88.6% | 93.1% |
| 植物叶子 | 94.0% | 96.1% |

平均精度 3.24%

**图 5-2-2　EasyDL 平台图像分类迁移学习平均精度提高情况**

同样在目标检测领域，基于海量互联网数据，拥有 800+ 类标签，170 万张图片，1 000 万 + 检测框，得到了一个预训练的模型，在平台的多种任务类型中进行实验，结果发现平均精度提高了 1.78%～4.53%，如图 5-2-3 所示。

| 数据集 | ImageNet 预训练模型 | 飞桨大规模检测预训练模型 |
|---|---|---|
| 车牌照检测 | 76.1% | 88.3% |
| 游戏中物体检测 | 80.1% | 81.4% |
| 车辆与行人检测 | 66.7% | 73.6% |

平均精度 4.53% Iou=0.5

| 数据集 | ImageNet 预训练模型 | 飞桨大规模检测预训练模型 |
|---|---|---|
| 房屋平面图检测 | 84.5% | 85.8% |
| 瑕疵部位检测 | 75.7% | 77.3% |
| 人和安全帽检测 | 77.3% | 81.1% |

平均精度 1.78% Iou=0.5

**图 5-2-3　EasyDL 平台目标检测迁移学习平均精度提高情况**

### 2. 自动数据增强

自动数据增强也依赖于人们的一些先验知识，以交通标志为例，如图 5-2-4 所示，如果原图是一个左转的标志，增加了一些水平翻转和垂直旋转的一些数据增强算子，那么这个交通标志就可能变成向右转以及直行，这样和原始的标志就非常不吻合，所以会导致整个训练的效果会变得非常差。

因此，引入了自动数据增强的策略，如图 5-2-5 所示，图中黄色区域是用户业务场景的数据空间，深蓝色是实际的数据，如果不使用数据增强，那么可以看到相对于整个业务场景，数据量是比较小的，如果这个时候增加了一些随机的数据增强（图中绿色），由于随机不可控，所以有一部分数据会不在用户场景中，导致模型效果的异常，类似于左图的交通标志。而采用自动数据增强之后，以模型数据效果为导向去增加一些数据增强策略，就能保证产生的大部分算子都能处在用户业务场景中，因此，自动数据增强的优势是可以扩充出更多的属于同一用户场景的用户数据集。

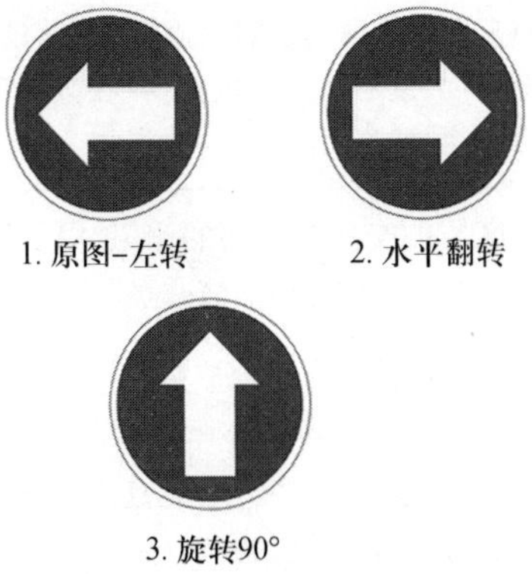


图 5-2-4　数据增强交通标志例

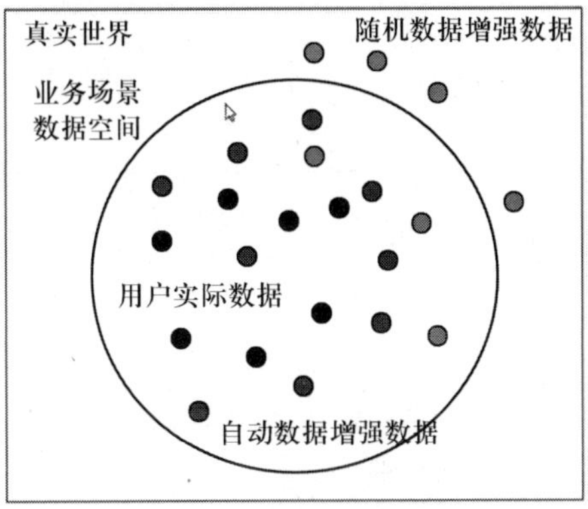


图 5-2-5　自动数据增强

EasyDL 提供的自动数据增强的策略，基于分布式智能搜索架构构建，采用工业级搜索算法，搜索效率更高，支持多机多卡搜索、训练容错、多种搜索优化算法，配置灵活。目前，支持在图像分类和物体检测任务中进行自动数据增强搜索服务，未来也会拓展到图像分割和 NLP 算法之中。在线上针对多场景模型的训练精度平均提升 7% 以上。

**3. 超参数调整**

对大部分用户而言，很多机器学习算法特别是深度神经网络实际上是一个黑盒，所以，算法工程师一般也被戏称为炼丹师、调参师，常用的超参数如表 5-2-1 所示。

**表 5-2-1　常用的超参数**

| 序号 | 参数 | 名称 | 作用 |
|---|---|---|---|
| 1 | Input_size | 模型输入大小 | 理论上越大越好，但是越大对训练环境及显卡要求越高，占用显存越高，预测速度会越慢，因此，建议在合理的范围取值。 |
| 2 | Epochs | 训练总轮数 | 整体数据被训练的总轮数，一般来说，训练越久，可能更容易收敛到一个较优的值，但通常训练到一定 Epochs 值后，这个值会在一个局部的最优值范围内振荡，这个时候就没有必要浪费训练资源继续训练下去，可以停止训练，所以是一个根据实际需要调整的参数。 |
| 3 | Optimizer | 优化器 | 最小化目标函数的算法，常见优化器有 SGD、Adagrad、Adadelta、RMSprop、Adam 等。 |
| 4 | learning rate | 学习率 | 梯度下降过程中更新权重时的超参数。学习率越大，一般下降会越快，但可能会在一个最优点附近振荡，所以要配合一些调整策略一起使用。 |

续表 5-2-1

| 序号 | 参数 | 名称 | 作用 |
| --- | --- | --- | --- |
| 5 | weight decay | 权值衰减 | 一种正则化方法,能够限制模型权重的大小,一般值越大,越容易出现欠拟合,在数据量小的时候,需要调整该值。 |
| 6 | IOU<br>(Intersection over Union) | 交并比 | 两个区域的交集与并集的比值,用于计算产生的候选框与原标记框的交叠率,是 faster-rcnn 检测模型特有的概念。 |
| 7 | Anchor boxes | 锚框 | 预定义的框集合,每一个特征图(feature map)上的位点,都会产生一组用高宽比(aspect_ratios)和尺度(scales)描述的锚框(anchor boxes),在小目标数据集上,可以调整这几个参数。 |
| 8 | Score_threshold | 置信度阈值 | 大于这个阈值会把结果反馈出来。 |

# 5-3 基于图像处理的作物病害检测任务概要

| | | |
|---|---|---|
| 知识、技能、素养目标 | 知识目标 | 1. 人工智能的基本概念。<br>2. 了解和掌握极简化和零门槛的 AI 开发平台 EasyDL。 |
| | 技能目标 | 1. 掌握利用 EasyDL 平台进行数据采集和处理的技能。<br>2. 掌握利用 EasyDL 平台训练和优化 AI 模型的技能。<br>3. 掌握利用 EasyDL 平台部署 AI 应用的技能。 |
| | 素养目标 | 德、智、体、美、劳全面发展,拥有深厚的人文底蕴、“三农”情怀,具有较强的实践能力、创新能力和良好的科学素养,能将信息技术、现代工程技术和农业有机融合,创新解决农业生产、经营实践问题的意识和自觉。 |
| 情境描述 | | 农作物病害检测等是农业生产过程中的重要工作,现有一个农业企业需要针对苹果病害的检测应用需求,由于病害复杂多样,经过调研,市场上没有现成的病害识别服务,同时该企业缺乏相关的 AI 算法工程师及算力资源,如果筹备相关技术及资源成本较高,开发专门的智能化检测系统难度较大。这里以百度 EasyDL AI 开发平台为例,该平台无需具备 AI 理论知识基础,即可以灵活定制并可以快速上手获得业务所需的高精度 AI 能力,刚好可以解决面临的问题。 |
| 学习内容 | | 以实操的方式,熟悉 EasyDL 平台使用流程,利用平台的物体检测开发功能快速实现一个苹果病害检测的 AI 服务。完成本次任务虽然无须 AI 相关的知识储备,但在熟悉掌握平台操作方法和流程的情况下,仍需补充阅读相关 AI 技术的基础知识。 |
| 线上资源 | | AI 应用说——智慧农场(害虫识别),百度 AI 课程资源。 |
| 学习产出 | | 1. 构建苹果病害检测模型;<br>2. 掌握提升模型精度的几个技巧。 |
| 评价反馈 | | 结合课堂讲解和网络平台资源完成任务,评价指标详见教材活页 5-3-2,任务要点:<br>1. 在百度 EasyDL 平台上完成,完成农业 AI 开发流程,并得到合理结果。<br>2. 能够在任务实施过程中指出任务存在的问题。<br>3. 对提出的问题能够结合理论和实践进行分析。<br>4. 提出合理化建议和意见。 |
| 附件 | | 1. 基于图像处理的作物病害检测任务记录表。<br>2. 自选 AI 项目开发实践任务记录表。<br>3. 任务考核评价表。<br>4. 知识链接——农业人工智能发展分析。 |

## 5-3-1 基于图像处理的作物病害检测任务记录表

| 序号 | 步骤 | 实践目标 | 要点记录 | 完成时间 |
|---|---|---|---|---|
| 1 | 数据集准备 | 拆分数据集 | | |
| 2 | 修正标注 | 检查出几种问题,标注并作修正 | | |
| | | 掌握多人标注和智能标注 | | |
| 3 | 预训练模型使用 | Baseline 训练后的 mAP 值 | | |
| | | 超大规模预训练后的 mAP 值 | | |
| 4 | 数据增强 | 掌握几种数据增强方法 | | |
| | | 手动数据增强后模型训练的 mAP 值 | | |
| | | 自动数据增强后模型训练的 mAP 值 | | |
| 5 | 超参数调整 | 掌握几种超参数调整方法 | | |
| | | 手动超参调整后模型训练的 mAP 值 | | |
| | | 自动超参调整后模型训练的 mAP 值 | | |
| 6 | 训练参数可视化 | 掌握可视化分析工具的使用 | | |
| 7 | 模型评估 | 整体评估 | | |
| | | 详细指标 | | |
| 8 | 验证模型 | 准确率和召回率 | | |
| 9 | 部署模型 | SDK 发布和激活 | | |

## 5-3-2 自选 AI 项目开发实践任务记录表

| 序号 | 步骤 | 实践目标 | 要点记录 | 完成时间 |
|---|---|---|---|---|
| 1 | 数据集准备 | 拆分数据集 | | |
| 2 | 修正标注 | 检查出几种问题,标注并作修正 | | |
| | | 掌握多人标注和智能标注 | | |
| 3 | 预训练模型使用 | Baseline 训练后的 mAP 值 | | |
| | | 超大规模预训练后的 mAP 值 | | |
| 4 | 数据增强 | 掌握几种数据增强方法 | | |
| | | 手动数据增强后模型训练的 mAP 值 | | |
| | | 自动数据增强后模型训练的 mAP 值 | | |
| 5 | 超参数调整 | 掌握几种超参数调整方法 | | |
| | | 手动超参调整后模型训练的 mAP 值 | | |
| | | 自动超参调整后模型训练的 mAP 值 | | |
| 6 | 训练参数可视化 | 掌握可视化分析工具的使用 | | |
| 7 | 模型评估 | 整体评估 | | |
| | | 详细指标 | | |
| 8 | 验证模型 | 准确率和召回率 | | |
| 9 | 部署模型 | SDK 发布和激活 | | |

## 5-3-3 任务考核评价表

| 序号 | 评价指标 | 评价依据 | 评分标准 | 评价 |
|---|---|---|---|---|
| 1 | 工作态度 | 1. 教材内容阅读<br>2. 过程记录 | 见附录 | |
| 2 | 工作质量 | 1. 任务记录<br>2. 课堂互动<br>3. 软件实践<br>4. 实践运用 | 见附录 | |
| 3 | 过程评价 | 1. 过程记录完备<br>2. 过程记录具有思考性 | 见附录 | |
| 4 | 工作效率 | 任务完成时间记录排名 | 见附录 | |
| 5 | 交流交互 | 课堂环节和小组讨论具有交流交互 | 见附录 | |
| 6 | 创新思维 | 创新创意的实用性与实践性 | 见附录 | |
| 7 | 安全意识 | 实践过程中的人身安全与硬软件设施安全防护 | 见附录 | |
| 总分 | | | | |

## 5-3-4 知识链接

### 农业人工智能发展分析

目前我国农业产业正处于“颠覆式创新”的早期阶段。我们面临的挑战很多,粮食安全、自然灾害、动植物疫病、资源短缺、气候变化等,这些都将成为长期影响农业的最底层核心挑战。以人工智能技术为代表的数字技术群将成为农业产业“颠覆式创新”最有利的工具之一。

**1. 农业是人工智能最好的试验场之一**

大数据和人工智能、物联网的结合可以为农业生产提供标准化产品、提供科学决策方案。从看天吃饭到看 AI 吃饭,人工智能为农业带来新的变革和转变。农业生产过程中天然会产生大量实时更新的数据。随着对农业数据挖掘和利用的不断深入,海量农业大数据将成为人工智能算法模型演化迭代最好的试验场之一。

**2. 人工智能将成为农业 4.0 必不可少的“新农具”**

在可预见的未来,基于农业大数据的人工智能技术将充分展现其优势,从信息感知、定量决策、智能控制、远程诊断、病虫害预测预报等方面帮助农业有效提升农业资源利用效率、提高农作物产量和品质、降低生产成本、改善农业生态环境,助力农业可持续发展。在全新智慧农业生产体系下,当各项技术手段开始走向规模化应用时,人工智能也将成为新农人们最可靠的“新农具”之一。

**3. 全球 AI+ 农业尚处于早期阶段,中国有很大优势换道超车**

人工智能在农业领域的应用贯穿于农业生产全过程中,包括农业生产前期、中期和后期各个阶段,从多个层面持续推进,实现农业生产过程的自动化、智能化、动态化管理。发达国家在农业自动化方面发展和应用较中国更为成熟。但由大数据所支撑的人工智能技术在农业领域的运用,全球都还处在早期起步阶段。此种情况下,给了中国创业者换道超车的机会。有赖于种植面积的广大、品类丰富的农业场景、信息基础设施的高度普及,中国有可能在未来十年成为全球农业人工智能行业的发展高地。

**4. AI+ 生物技术将成为下一阶段最具潜力的方向**

随着生物数据的开发成本进一步降低,生物属性相关的农业底层数据将会迅速积累,更加高效、精准的算法模型将被开发出来,尤其是与环境数据密切相关的作物生长模型和病虫害发展模型将被进一步完善。动植物育种、动植物健康、动植物营养等版块将成为下一阶段值得关注的农业人工智能潜力赛道。

**5. 人工智能 + 农业产业链全景图**

咨询公司整理了我国农业底层数据采集和 AI 核心技术(无人驾驶、图像识别、交易决策、机器人)+ 农业应用的典型创新公司,形成以下产业链图谱,如图 5-3-1 所示。

图 5-3-1　人工智能 + 农业产业链全景图

# 5-4 飞桨 AI Studio 使用任务概要

| | | |
|---|---|---|
| 知识、技能、素养目标 | 知识目标 | 1. 人工智能的基本概念。<br>2. 了解和掌握 AI Studio 使用方法。 |
| | 技能目标 | 1. 在 AI Studio 平台上学习人工智能的知识。<br>2. 在 AI Studio 平台上学习人工智能模型的构建、训练和部署过程。 |
| | 素养目标 | 德、智、体、美、劳全面发展，拥有深厚的人文底蕴、“三农”情怀，具有较强的实践能力、创新能力和良好的科学素养，能将信息技术、现代工程技术和农业有机融合，创新解决农业生产、经营实践问题的意识和自觉。 |
| 情境描述 | | 对于有一定信息技术基础、对人工智能有浓厚兴趣、希望更深入地学习人工智能知识的同学来说，前述 EasyDL 就显得太浅显了，对应于 EasyDL 平台，虽然有 BML 全功能 AI 开发平台，但 EasyDL、BML 后续都是商用版本平台，并不适合学生使用，因此，这里推荐 AI Studio，兼顾学习、训练，而且是免费的。 |
| 学习内容 | | 1. AI Studio 平台简介。<br>2. AI Studio 平台操作指南，在百度大脑 AI 开放平台上，进入 AI Studio 项目版块，在主页底部的【相关资源】中，点击进入【用户指南】查看平台介绍和操作指南。 |
| 工作流程 | | 参考：新手专享，带你四步玩转 AI Studio<br>在 AI Studio 平台用户指南中，打开【快速入门】，可以查看快速上手方法。 |
| 线上资源 | | 1. AI Studio 平台主页，可在百度大脑 AI 开放平台上直接找到并进入 AI Studio 项目版块。<br>2. AI Studio 课程资源，可在 AI Studio 项目版块中找到相关 AI 课程资源。 |
| 学习产出 | | 了解和掌握 AI Studio 平台的操作流程，完成基本教程文档的阅读，了解常规的 AI 知识，通过新手教程完成基本 AI 项目的开发。 |
| 评价反馈 | | 结合课堂讲解和网络平台资源完成任务，评价指标详见教材活页 5-4-2，任务要点：<br>1. 在百度 AI Studio 平台上完成，完成农业 AI 开发流程，并得到合理结果。<br>2. 能够在任务实施过程中指出任务存在的问题。<br>3. 对提出的问题能够结合理论和实践进行分析。<br>4. 提出合理化建议和意见。 |
| 附件 | | 1. 任务过程记录。<br>2. 任务考核评价表。 |

## 5-4-1　飞桨 AI Studio 使用任务记录表

| 序号 | 步骤 | 实践目标 | 要点记录 | 完成时间 |
| --- | --- | --- | --- | --- |
| 1 | 完成用户认证，开启 AI 之旅 | 了解 AI Studio 平台功能，注册认证用户身份 | | |
| 2 | 运行一个自己的项目 | 掌握 AI Studio 平台搭建、训练和运行 AI 项目的基本方法 | | |
| 3 | 学习任意一门课程 | 完成学习《百度架构师手把手带你零基础实践深度学习》 | | |
| 4 | 参加任意一门比赛 | 新手练习赛、应用创意赛、高手训练赛等 | | |

## 5-4-2 任务考核评价表

| 序号 | 评价指标 | 评价依据 | 评分标准 | 评价 |
|---|---|---|---|---|
| 1 | 工作态度 | 1. 教材内容阅读<br>2. 过程记录 | 见附录 | |
| 2 | 工作质量 | 1. 任务记录<br>2. 课堂互动<br>3. 软件实践<br>4. 实践运用 | 见附录 | |
| 3 | 过程评价 | 1. 过程记录完备<br>2. 过程记录具有思考性 | 见附录 | |
| 4 | 工作效率 | 任务完成时间记录排名 | 见附录 | |
| 5 | 交流交互 | 课堂环节和小组讨论具有交流交互 | 见附录 | |
| 6 | 创新思维 | 创新创意的实用性与实践性 | 见附录 | |
| 7 | 安全意识 | 实践过程中的人身安全与硬软件设施安全防护 | 见附录 | |
| 总分 | | | | |

# 项目 6

## 植物模拟模型

### 6-1 DSSAT 软件应用实践任务概要

| | | |
|---|---|---|
| 知识、技能、素养目标 | 知识目标 | 1. 理解作物生长模型的概念和作用。<br>2. 了解作物生长模型的工作原理和关键技术。<br>3. 了解主要的作物生长模型。<br>4. 了解作物生长模型的发展应用现状和发展趋势。 |
| | 技能目标 | 1. 了解常用的作物生长模型和软件。<br>2. 掌握主要作物生长模型软件的使用方法。<br>3. 运用作物生长模型软件分析实际问题的能力。 |
| | 素养目标 | 1. 培养团队协作精神。<br>2. 培养爱农、知农、兴农情怀。<br>3. 培养创新思考精神。 |
| 情境描述 | | 小麦是我国主要粮食作物之一，随区域和气候变化小麦栽培管理技术也发生改变，借助作物生长模型，根据田间试验获取数据资料，模拟小麦生长过程并获得必要生长条件参数，具有省力、省时和可重现特点。美国 IBSNAT 开发的 DSSAT 专门为小麦开发的 CERES-Wheat 模型，将水分胁迫作为作物生长的重要限制因子，通过对田间蒸散量、作物蒸腾量、土壤蒸发量的综合分析，定量化估算不同地区冬小麦的需水量，旨在为冬小麦生长季的水分高效利用以及灌溉策略的定量化应用提供理论依据，因此，在农业科研和生产实践领域有着广泛的应用。 |
| 学习内容 | | 以实操的方式，利用 DSSAT 的 CERES-Wheat 模型和软件自带的气象、土壤和实验数据，运行两个地域的小麦生长模型，以此认识 DSSAT 的基本用途。 |

续表

| | |
|---|---|
| 任务流程 | 步骤1:阅读案例材料。<br>步骤2:软件操作实践。<br>步骤3:阅读知识链接。<br>步骤4:小组讨论。<br>步骤5:拓展应用。 |
| 学习产出 | 1. 小组讨论发言。<br>2. 应用实践。 |
| 评价反馈 | 结合课堂讲解和网络平台资源完成任务,评价指标详见教材活页6-1-2,任务要点:<br>1. 理解作物生长模型的概念、意义和作用。<br>2. 了解作物生长模型的机理和构建方法。<br>3. 小组成员查阅资料,共同探讨作物生长模型的研究现状。<br>4. 对提出问题能够结合理论和实践进行分析。<br>5. 提出合理化建议和意见。 |
| 附件 | 1. 任务过程记录。<br>2. 任务考核评价表。<br>3. 知识链接——常用作物生长模型。 |

## 6-1-1 DSSAT 软件应用实践任务记录表

| 序号 | 任务内容 | 要点记录 | 完成时间 | 备注 |
|---|---|---|---|---|
| 1 | 教材内容阅读 | | | |
| 2 | 视频及其他材料 | | | |
| 3 | DSSAT 软件启动和运行模拟 | | | |
| 4 | DSSAT 数据输入和输出 | | | |
| 5 | 气象、土壤、作物栽培管理等模块使用 | | | |
| 6 | DSSAT 数据分析 | | | |
| 7 | 实践运用 | | | |

## 6-1-2 任务考核评价表

| 序号 | 评价指标 | 评价依据 | 评分标准 | 评价 |
|---|---|---|---|---|
| 1 | 工作态度 | 1. 教材内容阅读<br>2. 过程记录 | 见附录 | |
| 2 | 工作质量 | 1. 任务记录<br>2. 课堂互动<br>3. 软件实践<br>4. 实践运用 | 见附录 | |
| 3 | 过程评价 | 1. 过程记录完备<br>2. 过程记录具有思考性 | 见附录 | |
| 4 | 工作效率 | 任务完成时间记录排名 | 见附录 | |
| 5 | 交流交互 | 课堂环节和小组讨论具有交流交互 | 见附录 | |
| 6 | 创新思维 | 创新创意的实用性与实践性 | 见附录 | |
| 7 | 安全意识 | 实践过程中的人身安全与硬软件设施安全防护 | 见附录 | |
| 总分 | | | | |

## 6-1-3 知识链接

### 常用作物生长模型

**1. DSSAT 模型**

美国 DSSAT 系列模型和 GOSSYM 模型农业技术推广决策支持系统 DSSAT（decision support system for agrotechnology transfer）是在 IBSNAT（international benchmark sites network for agrotechnology transfer）计划的资助下开发出来的。IBSNAT 计划 1983 年启动，有多家大学和研究机构参与，总部设在夏威夷大学。IBSNAT 计划的主要目标之一就是以系统分析的方法帮助提高发展中国家的农业生产水平，并立意为小型农户的经济持续性、自然资源的有效利用以及环境保护作出有益的成果。集成了多个作物模型的 DSSAT 是 IBSNAT 的主要研究成果之一。由于 DSSAT 基本囊括了美国众多的著名作物模型如 CERES 和 CROPGRO 系列模型，因此，相对于 Wagningen 模型，我们称之为美国 DSSAT 系列模型。

GROPGRO 豆类作物模型系列包括大豆模型 SOYGRO、花生模型 PNUTGRO 也纳入 DSSAT；CROPGRO 非豆类作物模型系列包括蕃茄和一种休耕作物模型也已纳入 DSSAT。此外，SUBSTOR-potato（马铃薯）模型，CROPSIMcassava（木薯）模型，向日葵模型 OLCROP 也已经囊括。甘蔗模型 CANEGRO 是最新加入 DSSAT 的作物模型。为了将各种作物模型纳入一个统一的系统，DSSAT 规定了标准的土壤、气候数据格式和输入输出文件格式，以便各种作物模型都可以共用数据。由于包括了多种作物模型，DSSAT 可为用户提供多种选择方案。DSSAT 系列模型模拟了作物营养生长和生殖生长发育过程，包括发芽到开花，叶片出现次序开花时期、籽粒生理成熟和收获。模型也模拟作物光合作用、呼吸作用、干物质分配和植株生长以及衰老等基本生理生态过程。依据不同的作物类型，经济产量如籽粒、果实、块茎或茎秆产量都能得出。模型还包括一个一维土壤水平衡模型，以模拟潜在蒸散、实际土壤蒸发、植物蒸腾、根系吸水、径流、土壤渗漏以及不同土层的土壤水流等。土壤水分平衡模型对除甘蔗外的所有作物模型都是通用的。多数作物模型还包括一个一维的土壤氮素平衡模块，以模拟植物残茬和有机质的矿化作用、固定、硝化和反硝化氮素运移等过程，还包括硝态氮的淋溶、氮素根系吸收以及豆类作物固氮等过程。目前只有木薯和甘蔗作物模型不包括土壤和植物氮素平衡模块。而 CROPGRO 系列模型还包含可以处理病虫害影响的模块。

DSSAT 包含 3 种不同类型的分析程序，分别是：评估生长季内不同管理措施的分析程序；分析跨年度的不同作物轮作效应的分析程序；链接 GIS 以分析大田内或农田间的空间变异性的空间分析程序。DSSAT 能计算的不仅仅是产量，还可以包括产量构成要素形成过程、投入、资源利用、环境负荷和潜在污染等。它还可以连接经济分析模块来进行投入产出的边际效益分析，以形成替代管理措施和决策咨询策略。为了空间应用，还开发了 GIS 辅助的 GIS-DSSAT，图 6-1-1 为 DSSAT 模型图。

**2. CERES 模型**

CERES 模型源于 1972 年 Ritchie 发表的关于计算稀疏植被的蒸发模型的论文。虽然该模型更偏向经验模型，但是运行效果非常好，而且只需较少的输入变量。当时，一个限制该模型使用的主要因素是模型必须输入叶面积指数（LAI）的季节性动态变化，而一般试验却很少测定。但是，对预报蒸发和作物光能截获而言，LAI 的动态变化非常关键。为解决这一问题，

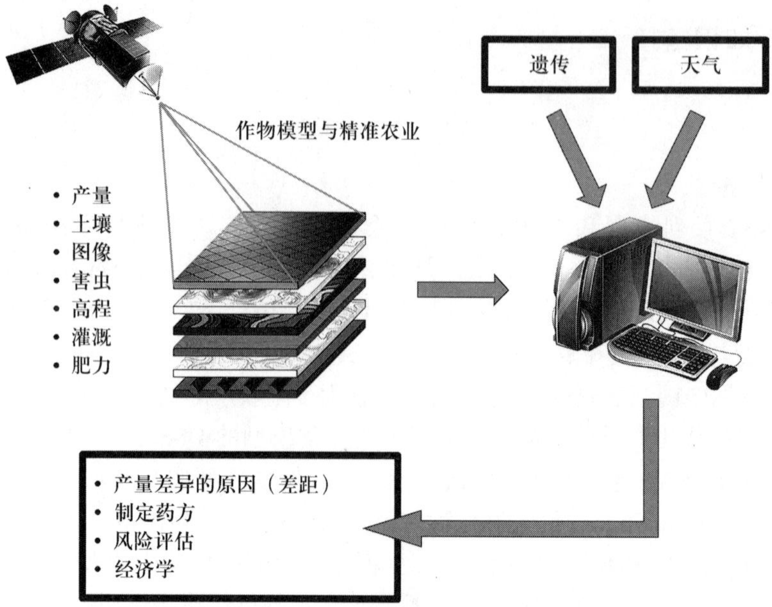


**图 6-1-1　DSSAT 模型图**

开发了基于发育生理学的预报高粱 LAI 的 SORGF 模型。而 SORGF 模型的局限是必须输入叶片数量和叶片最大尺寸，而这两个要素受遗传和环境因子决定。随后，开发 CERES 模型的最初目的之一就是要通过对遗传因子与气象要素的相互作用的数学描述，来预报叶片数和叶片大小。与 de Wit 学派不同的是，CERES 不是通用模型，它针对不同作物开发了不同的模型，包括 CERES-wheat、CERES-maize、CERES-Rice、CERES-barley、CERES- sorghum 和 CERES-millet 等。从这一历程描述就可以看出美国的模型研究工作的一贯性和明确的目的性。与 Wageningen 模型类似，CERES 模型也是先开发由大气环境和土壤水分控制下的作物生长模型然后再将氮素平衡模块链接到主模块中。在 IRDC 的合作下，适用于玉米和小麦的氮素动态模块分别在 1986 年和 1987 年问世。CERES 考虑的生产情形类似于 Wageningen 的 1～3 种生产水平，该模型对于诸如台风、冰雹、洪涝等灾害性天气以及病、虫、草等危害尚未子予以考虑。

3. CROPGRO **模型**

CROPGRO（CROP GROwth）模型最初是由大豆模型 SOYGRO、花生模型 PNUTGRO 和干菜豆模型 BEANGRO 合并形成的，主要模拟籽实豆类作物的生长、发育和产量形成过程。目前模型扩展到能模拟的作物包括大豆、花生、菜豆（Phaseolus vulgaris L.）、鹰嘴豆、番茄等。

CROPGRO 模型开发工作是在 IBSNAT 项目的资助下进行的，主要由 Florida 大学和 Georgia 大学完成。CROPGRO 也是过程模型，模型设计结构也允许用户通过修改作物特征参数文件而模拟其他作物，不用修改其源代码，有点类似 Wageningen 模型。CROGRO 为了集成到 DSSAT 中，因此在结构设计上尽量与 CERES 兼容。在 DSSATv4.0 中，CROGRO 完全实现了模块化设计。

4. GOSSYM **模型**

GOSSYM（GOSSYpium Simulation Model）模型是 1983 年推出的第三代棉花模拟模型。

模型模拟了影响棉花生长发育和产量形成的主要生物学和非生物学过程，进一步完善了对棉花系统动力过程的模拟。1985 年又研制成管理 GOOSSYM 数据，解释模型模拟结果和为之提供友好界面的专家系统 CO-MAX，从而诞生了著名的 GOSSYM/COMAX 棉花专家管理计算机模拟系统。GOSSYM 模型在美国和其他国家已经得到很好的应用。GOSSYM 模拟模型也是一个动态模型，能在生理过程水平上模拟棉花的生长发育和产量形成。该模型本质上是一个表达植物根际土壤中水分和氮素与植株体内碳和氮的物质平衡的模型。GOSSYM 模型可以模拟棉花对外界条件的反应，以及种植密度、行距、耕作措施、施肥和灌溉等农艺措施对生长的影响。该模型最大的特点是机理性、通用性、复杂性，其主要功能是模拟棉花各器官的生长发育状况、预报生理胁迫情况，为管理系统提供事实数据。

5. APSIM 模型

APSIM（agricultural production systems simulator）是澳大利亚系列作物模型的总称，与 DSSAT 类似，它也是把各种不同的作物模型集成到一个公用的平台。APSIM 模型框架是由 APSRU（agricultural production systems research unit）小组（CSIRO 和昆士兰州政府联合组建）在过去的 10 多年内开发的。APSIM 设计特色之一就是把零散的的研究结果集成到模型之中，以便把某一学科或领域的成果能应用到别的学科或领域去。公用平台的使用使得模型或模块之间的相互比较更加容易。通过“即插即用”的方法，在系统设计中取得了很好的效果。APSIM 可以让用户通过选择一系列的作物、土壤以及其他子模块来配置一个自己的作物模型。模块之间的逻辑联系可以非常简单地通过模块“拔插”来规定。与其他作物模型不同的是，APSIM 模拟系统的核心突出的是土壤而非植被。天气和管理措施引起的土壤特征变量的连续变化被作为模拟的中心，而作物、牧草或树木在土壤中的生长、来去只不过是使土壤属性改变。加上模型的“拔插”功能，使得 APSIM 能够很好地模拟耕地的连作、轮作、间作以及农林混作效应。

APSIM 目前能模拟的作物包括小麦、玉米、棉花、油菜、紫花苜蓿、豆类作物以及杂草等，对施肥、灌溉、土壤侵蚀、土壤氮素和磷素平衡、土壤温度、土壤水分平衡、溶质运移、残茬分解等过程都有相应的模块。目前应用的领域已经包括种植制度、作物管理、土地利用、作物育种、气候变化和区域水平衡等。

6. CropGrow 模型

南京农业大学构建基于生理生态过程的综合性作物（水稻、小麦）生长模型 CropGrow。CropGrow 模型是以小麦和水稻等作物生长发育及生产力形成规律为基础，以气候条件、土壤特性、品种特征、管理技术等为主要驱动变量，而构建的基于生理生态过程的作物生长与生产力形成模拟模型，包括阶段发育与物候期、器官发生与建成、光合生产与物质积累、同化物分配与产量品质形成、养分动态和水分平衡等子模型，可动态预测不同条件下作物生长发育与产量品质形成过程。其中，阶段发育与物候期子模型以茎顶端发育为主线，以作物温光发育过程为基础，通过动态模拟作物生理发育时间（physiological development time，PDT）来精确划分作物发育阶段。器官发生与建成子模型主要模拟植株不同器官的发生和形成过程，包括根、茎、叶、穗等器官的发生与建成等，其中器官发生的时间与阶段发育过程密切相关，器官发生的数量和大小与同化物的分配和利用有关。光合生产与物质积累子模型是基于一日内到达冠层的光合有效辐射，采用高斯积分法将冠层分层，计算不同叶层反射与吸收的光合有效辐射，加权计算冠层瞬时同化速率，同时考虑了反射率随太阳高度角的日变化以及群体消光系数随 PDT 的时序变化，再按不同时间点加权求和得到每日冠层同化速率，通过计算呼吸和物质转化消耗，得到每日同化物积累量，同时受到温度、水分、$CO_2$ 浓度、生理年龄和氮素的影响。同化物分配与产量品质形成子模型中，碳、氮化合物的分配与再分配决定作物收获器官的产量和品质形成，通过器官间干物质分配来模拟籽粒产量，进一步结合植株氮转运与籽粒氮积累动态，建立了籽粒蛋白质含量与蛋白质产量的模拟模型，同时基于植株碳素的积累转运及籽粒碳素的转化利用，构建了基于花后碳流过程的籽粒淀粉形成模拟模型。养分动态子模型主要涉及氮、磷、钾3 种大量元素的模拟，其中氮素动态模拟包括土壤有机质矿化、硝化与反硝化作用、铵的吸附与解吸、氨的挥发、氮素淋洗及作物氮素吸收与分配等过程，植株从土壤吸收的氮素是通过建立植株及各个器官的临界氮浓度，来计算植株和各个器官的氮素需求量和转运量。水分平衡子模型是根据土壤水分收支平衡原理，通过作物根系深度将土壤剖面分成若干层，并按土层进行土壤水分收支计算，包括径流、渗漏、土壤蒸发、作物截留、根系吸水、水分再分配等动态过程的模拟。

此外，在评估已有模型对极端温度响应的不确定性基础上，基于作物生长发育对极端气候环境的响应机制结合高、低温累积度日及半致死温度等参数，量化了极端温度对作物生长发育的影响，进而构建了高温和低温胁迫对稻麦生育进程、光合作用、物质积累与分配、结实率等过程影响的模拟算法，提高了 CropGrow 模型在极端温度环境下对作物生长发育及生产力形成的预测精度。

# 6-2 L-Studio 软件应用实践任务概要

| | | |
|---|---|---|
| 知识、技能、素养目标 | 知识目标 | 1. 理解虚拟植物模型的概念和作用。<br>2. 了解虚拟植物模型的构建原理和关键技术。<br>3. 了解主要的虚拟植物模型。<br>4. 了解虚拟植物模型的发展应用现状和发展趋势。 |
| | 技能目标 | 1. 了解常用的虚拟植物模型和软件。<br>2. 掌握主要虚拟植物模型软件的使用方法。<br>3. 运用虚拟植物模型软件分析实际问题的能力。 |
| | 素养目标 | 1. 培养团队协作精神。<br>2. 培养爱农、知农、兴农情怀。<br>3. 培养创新思考精神。 |
| 情境描述 | | 由美国生物学家 Arestid Lindenmayer 提出的 L- 系统方法，是基于分形理论建立的植物拓扑结构生成方法，是植物生长建模的主要方法之一，从理论上讲，任何复杂的植物都可以用 L- 系统方法生成出来。要进行植物模拟，我们需要一个模拟平台和模拟语言，这里我们使用 L-Studio 模拟软件来进行植物模拟，这是一款由加拿大科学家 Przemyslaw Prusinkiewicz 开发的 L- 系统软件，它采用 cpfg 语言来进行虚拟植物模拟，cpfg 语言是以 L- 系统为理论基础的语言，是一种用于植物建模的专用计算机语言。 |
| 学习内容 | | 在 L-Studio 软件中进行模拟植物生成的实践，理解分形理论的概念，通过学习 cpfg 语言的相关知识，掌握基本的生成模拟植物方法。 |
| 任务流程 | | 步骤 1：阅读案例材料。<br>步骤 2：软件操作实践。<br>步骤 3：阅读知识链接。<br>步骤 4：小组讨论。<br>步骤 5：拓展应用。 |
| 学习产出 | | 1. 小组讨论发言。<br>2. 应用实践。 |
| 评价反馈 | | 结合课堂讲解和网络平台资源完成任务，评价指标详见教材活页 6-2-2，任务要点：<br>1. 了解虚拟植物模型的概念、意义和功能。<br>2. 小组成员查阅资料，共同探讨虚拟植物模型的研究和应用现状。<br>3. 对提出的问题能够结合理论和实践进行分析。<br>4. 提出合理化建议和意见。 |
| 附件 | | 1. 任务过程记录。<br>2. 任务考核评价表。<br>3. 知识链接——虚拟植物模型构建方法。 |

## 6-2-1 L-Studio 软件应用实践任务记录表

| 序号 | 任务内容 | 要点记录 | 完成时间 | 备注 |
|---|---|---|---|---|
| 1 | 教材内容阅读 | | | |
| 2 | 视频及其他材料 | | | |
| 3 | L-Studio 生成模拟植物实践 | | | |
| 4 | 实践运用 | | | |

## 6-2-2 任务考核评价表

| 序号 | 评价指标 | 评价依据 | 评分标准 | 评价 |
|---|---|---|---|---|
| 1 | 工作态度 | 1. 教材内容阅读<br>2. 过程记录 | 见附录 | |
| 2 | 工作质量 | 1. 任务记录<br>2. 课堂互动<br>3. 软件实践<br>4. 实践运用 | 见附录 | |
| 3 | 过程评价 | 1. 过程记录完备<br>2. 过程记录具有思考性 | 见附录 | |
| 4 | 工作效率 | 任务完成时间记录排名 | 见附录 | |
| 5 | 交流交互 | 课堂环节和小组讨论具有交流交互 | 见附录 | |
| 6 | 创新思维 | 创新创意的实用性与实践性 | 见附录 | |
| 7 | 安全意识 | 实践过程中的人身安全与硬软件设施安全防护。 | 见附录 | |
| 总分 | | | | |

### 6-2-3 知识链接

虚拟植物模型构建方法

虚拟植物模型是基于对现实世界植物的研究而建立的，首先要对自然界生长的真实植物的形态结构进行精确定量化研究，并总结出植物的生长规律，然后再用适当方法对植物形态结构和生长规律进行表达，图 6-2-1 为虚拟植物模型的一般结构。

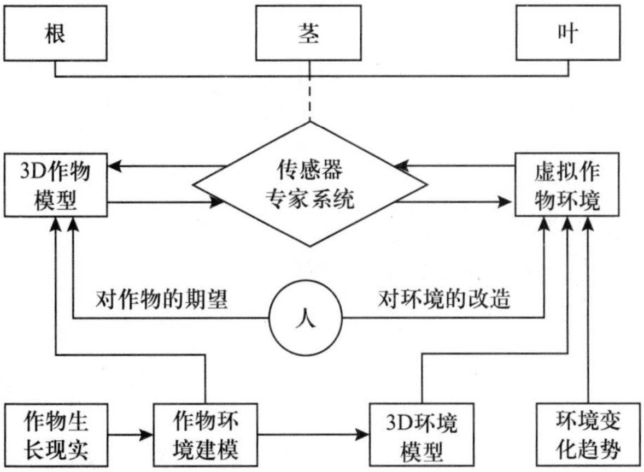


**图 6-2-1 虚拟植物模型的一般结构**

虚拟植物的研究需要适当的定量模拟方法和相应的模型软件。目前比较常用的方法主要有以下几种。

**1. L- 系统**

1968 年，美国生物学家 Aristid Lindenmayer 提出了 Lindenmayer 系统，简称 L- 系统，作为植物形态建模的一般框架。L- 系统的本质是一种字符重写（rewriting）系统或形式化语言方法，通过对植物对象生长过程的经验式概括和抽象，构造公理（axiom，初始状态）与产生式集合（set of productions，描述规则），生成字符发展序列（developmental sequences of words），作为描述植物几何特征的形式化语言，与计算机图形学技术相结合，以可视化方式表现植物拓扑结构，如图 6-2-2 所示。运用 L- 系统的虚拟植物模型是一个信息膨胀的过程（字符串的不断繁殖），如图 6-2-3 所示。

作为一种并发的字符串替代系统，L- 系统最初的理论重点为植物拓扑学，即描述细胞或更大的植物模块之间的邻接关系，但没有涉及这些模块的几何特征。由于理论细节不够完整，当时的 L- 系统无法创建高等植物的复杂模型。为了实现对高等植物的建模，一些 L- 系统的图形解释被提出。1974 年，Lindenmayer 等提出了最初的解决方案。随后，Szilard 等提出 L- 系统在分形（fractals）中的图形解释。Szilard 和 Quinton 提出了龟形（turtle）标志的字符串图形解释，即常用的“龟形图法”，对 L- 系统的图形含义进行说明，如图 6-2-4 所示。Prusinkiewicz 使用龟形图法解释实现了很多分形和草本植物模型，使龟形成为最常用的 L- 系统图形解释方案。同时，L- 系统理论不断得到发展。为了避免使 L- 系统构建的模型过于呆板，Eichhorst 等人提出了随机 L- 系统（stochastic L-systems）以增强模型的灵活性。Herman 等将 L- 系统拓展为上下文相关(context-sensitive),以使植物模型各个模块间产生关联。Lindenmayer 等学者引入参数(parameters),使 L- 系统更加简捷高效。理论的完善使 L- 系统成为强大的建模工具。

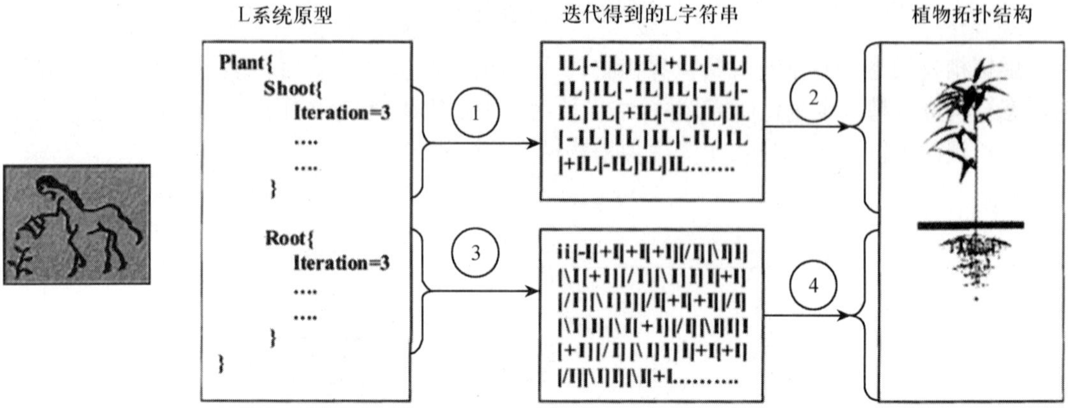


图 6-2-2　L- 系统字符与图形转换

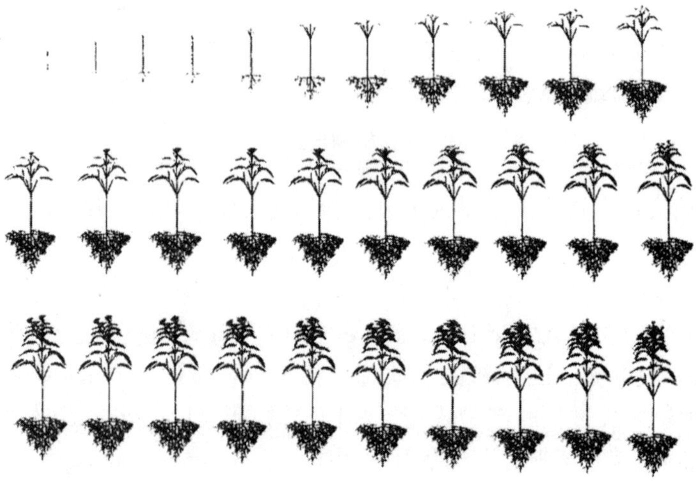

图 6-2-3　L- 系统模拟的植物生长过程

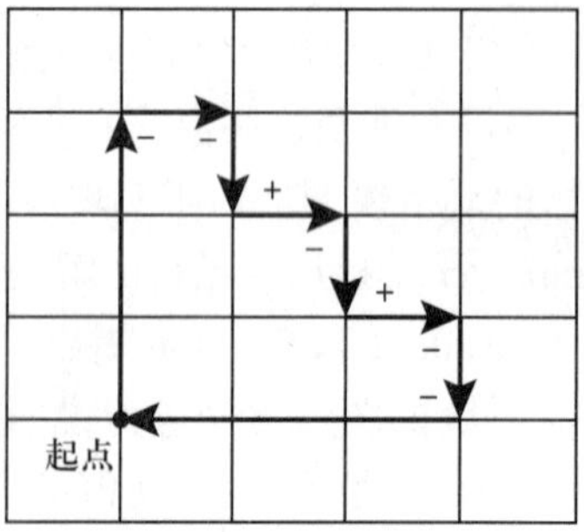


图 6-2-4　龟形字符串解释

2. **分形(fractal)方法**

根据植物形态结构特征,利用了描述具有自相似性(self-similarity)的数学功能来表现植物的拓扑及形态结构。实现分形几何建模的方法主要包括迭代函数系统(iterated function system,IFS)、分枝矩阵(ramification matrix)、粒子系统(partial system)、正规文法方法、A系统(A-system)以及Oppenheimer提出的特定的分形方法等。

3. **参考轴技术(reference axis technique)**

由法国国际农业研究发展中心(CIR-AD)提出的基于有限自动机(finite automation)的模拟植物形态发生的典型随机过程方法。它通过马尔可夫链理论及状态转换图(state transition graph)方式描述植物发育、生长、休眠、死亡等过程。Godin等在此基础上提出了多尺度意义上的植物拓扑结构模型(multi-scaletreegraphs,MTG),这种模型能够以不同时间尺度描述植物的拓扑结构。这种建模方法物理意义明确、数据输入简单、过程分析直观。赵星等基于马尔可夫链进一步发展了双尺度自动机模型(dual-scale automation),该方法从植物学的角度出发,提出了微状态和宏状态的双尺度概念,考虑了植物的生长机制,根据植物的生理年龄来组合植物的生长参数,参数物理意义明确,结构简洁有条理,形象直观,易于理解和编程实现。

法国植物学家Halle等依据植物分枝特征,提出了23种植物结构基本模型,可以描述几乎所有类型的植物结构,分别用著名植物学家名字命名,如Corner模型(单轴主干,无分枝)、Leeuwenberg模型(合轴分枝,伞形花序)、Rauh模型(单轴节律分枝,直生分层)、Aubreville模型(有直生和斜生分枝)、Massart模型(单轴节律分枝,主茎直生,分枝斜生)、Roux模型(连续分枝)和Troll模型等,如图6-2-5所示。

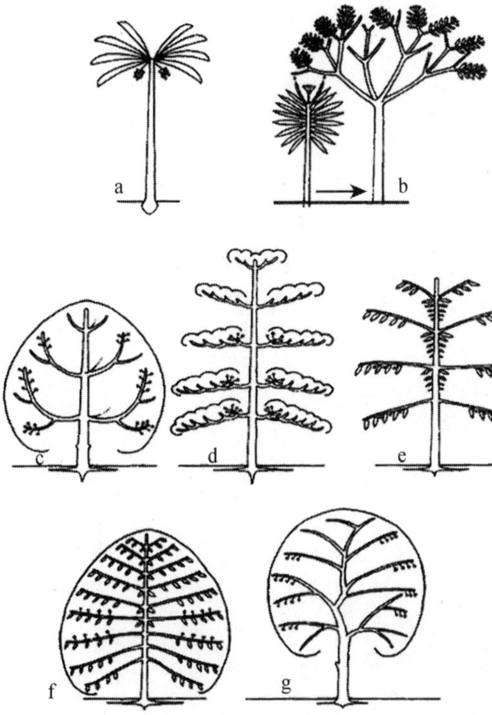


**图6-2-5 部分植物结构基本模型(a～g表示不同的模型)**

4. **植物三维重建法**

利用仪器采集植物的空间数据,在计算机上编写程序调用这些空间数据,以此实现植物的三维模拟,如图 6-2-6 所示为玉米群体的三维重建模型。这是一种对现实植物的模拟方法,其模拟效果与测量植物空间数据仪器的精度密切相关。仪器的精度不断提高,则模拟植物的真实性也会越来越高。

图 6-2-6　玉米虚拟三维重建模型

# 6-3 利用 Plant Studio 软件创建虚拟植物实践任务概要

| | | |
|---|---|---|
| 知识、技能、素养目标 | 知识目标 | 1. 理解虚拟植物模型的概念和作用。<br>2. 了解虚拟植物模型的构建原理和关键技术。<br>3. 了解主要的虚拟植物模型。<br>4. 了解虚拟植物模型的发展应用现状和发展趋势。 |
| | 技能目标 | 1. 了解常用的虚拟植物模型和软件。<br>2. 掌握主要虚拟植物模型软件的使用方法。<br>3. 运用虚拟植物模型软件分析实际问题的能力。 |
| | 素养目标 | 1. 培养团队协作精神。<br>2. 培养爱农、知农、兴农情怀。<br>3. 培养创新思考精神。 |
| 情境描述 | | L-Studio 模拟软件采用 cpfg 语言来进行虚拟植物模拟,cpfg 语言是以 L- 系统为理论基础的植物建模专用计算机语言,非计算机专业同学使用不是太方便,这里介绍另一款模拟植物建模软件 Plant Studio,该软件事实上也是基于 L-系统理论的,只是对 L 语言进行了封装,实现了可视化的植物建模,用户无需编程基础,即可通过鼠标点击的方式完成建模过程。 |
| 学习内容 | | 在 Plant Studio 软件中进行模拟植物生成的实践,理解分形理论的概念,掌握基本的生成模拟植物方法。 |
| 任务流程 | | 步骤 1:阅读案例材料。<br>步骤 2:软件操作实践。<br>步骤 3:阅读知识链接。<br>步骤 4:小组讨论。<br>步骤 5:拓展应用。 |
| 学习产出 | | 1. 小组讨论发言。<br>2. 应用实践。 |
| 评价反馈 | | 结合课堂讲解和网络平台资源完成任务,评价指标详见教材活页 6-3-2,任务要点:<br>1. 在 Plant Studio 软件中完成虚拟植物创建。<br>2. 小组成员查阅资料,共同探讨虚拟植物模型的研究和应用现状。<br>3. 对提出的问题能够结合理论和实践进行分析。<br>4. 提出合理化建议和意见。 |
| 附件 | | 1. 任务过程记录。<br>2. 任务考核评价表。<br>3. Plant Studio 软件使用帮助。 |

## 6-3-1　Plant Studio 软件应用实践任务记录表

| 序号 | 任务内容 | 要点记录 | 完成时间 | 备注 |
|---|---|---|---|---|
| 1 | 教材内容阅读 | | | |
| 2 | 视频及其他材料 | | | |
| 3 | Plant Studio 生成模拟植物实践 | | | |
| 4 | 实践运用 | | | |

## 6-3-2 任务考核评价表

| 序号 | 评价指标 | 评价依据 | 评分标准 | 评价 |
|---|---|---|---|---|
| 1 | 工作态度 | 1. 教材内容阅读<br>2. 过程记录 | 见附录 | |
| 2 | 工作质量 | 1. 任务记录<br>2. 课堂互动<br>3. 软件实践<br>4. 实践运用 | 见附录 | |
| 3 | 过程评价 | 1. 过程记录完备<br>2. 过程记录具有思考性 | 见附录 | |
| 4 | 工作效率 | 任务完成时间记录排名 | 见附录 | |
| 5 | 交流交互 | 课堂环节和小组讨论具有交流交互 | 见附录 | |
| 6 | 创新思维 | 创新创意的实用性与实践性 | 见附录 | |
| 7 | 安全意识 | 实践过程中的人身安全与硬软件设施安全防护 | 见附录 | |
| 总分 | | | | |

## 6-3-3 知识链接

### Plant Studio 软件使用帮助

**1. 软件基本操作**

☞ 步骤 1 启动软件

点击 PlantStudio.exe 打开软件，在弹出的启动选择界面中选择【Make a New Plant】，如图 6-3-1 所示。

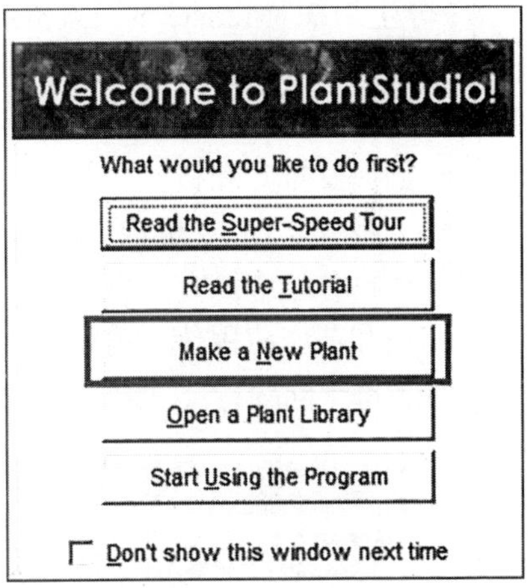


**图 6-3-1 软件启动选项**

☞ 步骤 2 进入创建植物界面

进入创建界面，如图 6-3-2 所示，界面上显示关于软件的介绍：

欢迎来到植物向导！通过问一些简单的问题，这个向导将帮助您创建一个新的植物。这 10 个面板包含了大约 25 个问题，这些问题是根据定义植物的 400 个左右最重要的参数设置的。单击【Next】按钮开始，或者单击【Cancel】停止。一旦开始，您可以点击后退按钮回去改变选择，或者可以随时点击取消。

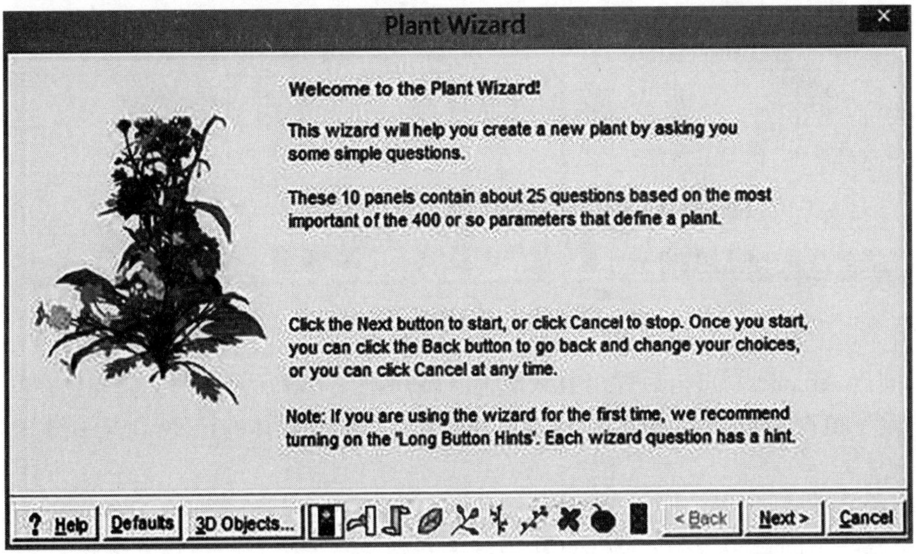


**图 6-3-2 Plant Studio 软件主界面**

下方一排图形标志是建模功能，如图 6-3-3 所示，点击标志会弹出相应的设计窗口，下面分别进行介绍。

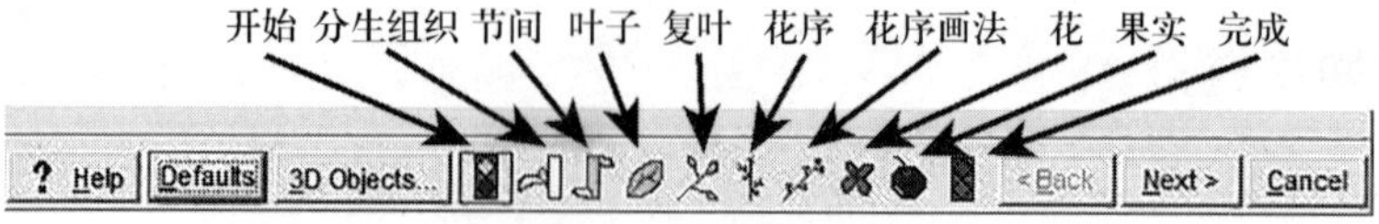


图 6-3-3　建模功能

【分生组织(Meristems)】点击后弹出分生组织设置窗口,如图 6-3-4 所示。分生组织是叶子和枝条生长的芽,它们的生长和生产对植物的形状有很大的影响。具体是指在植物茎的生长端形成(apexes)的叶和茎之间的夹角。结合具体的植物,在这一部分,有四个选项:

- 如何安排叶和枝?
- 二级分支(分支机构)是否应该发生?
- 植物分枝应该有多少?
- 枝和茎应该用什么角度?

对于每个问题,点击问题中的按钮来做出你的选择。

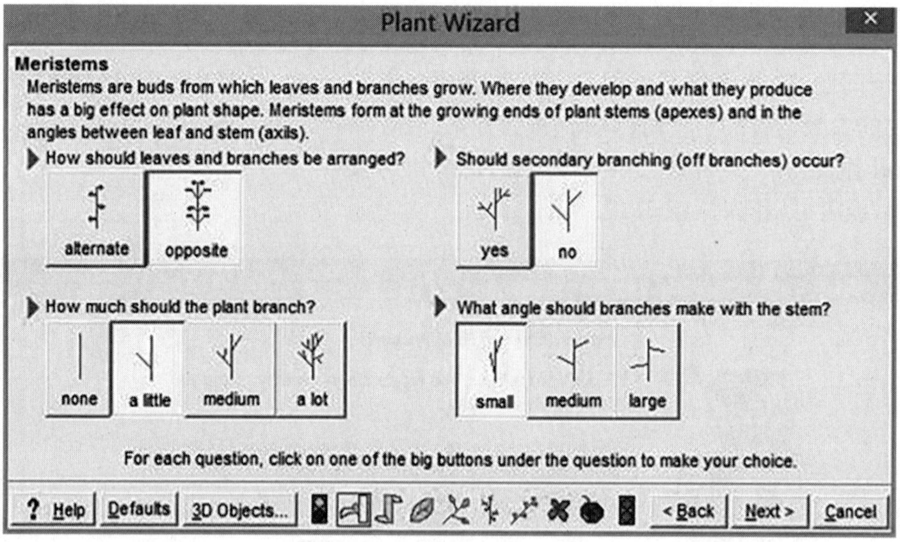


图 6-3-4　分生组织设置窗口

【节间(Internodes)】点击后弹出节间设置窗口,如图 6-3-5 所示。节间是植物在叶子之间的茎段,定了植物的高或短、直或弯,以及坚硬或灵活。结合具体的植物,在这一部分,有三个选项:

- 植物茎是如何弯曲的?

曲率是指节间点角中包含多少随机变异的指数。高大笔直的植物有强壮的茎(如向日葵),不应该有曲率(或者只有一点),而像番茄这样的弱茎植物应该有很多的曲率。

- 节间应该有多长?

具有非常短节间的植物,在它们的生命周期的后期通常会形成玫瑰花柱(一组叶子非常紧密地在一起)。您可以控制在向导之外的参数。大多数草都有很长的节间(叶子很长)。

- 节间应该有多厚?

厚节间的植物通常要么是非常大的植物(如玉米或向日葵),要么是非常矮的植物,都有相对较粗的茎(如花椰菜或生菜)。

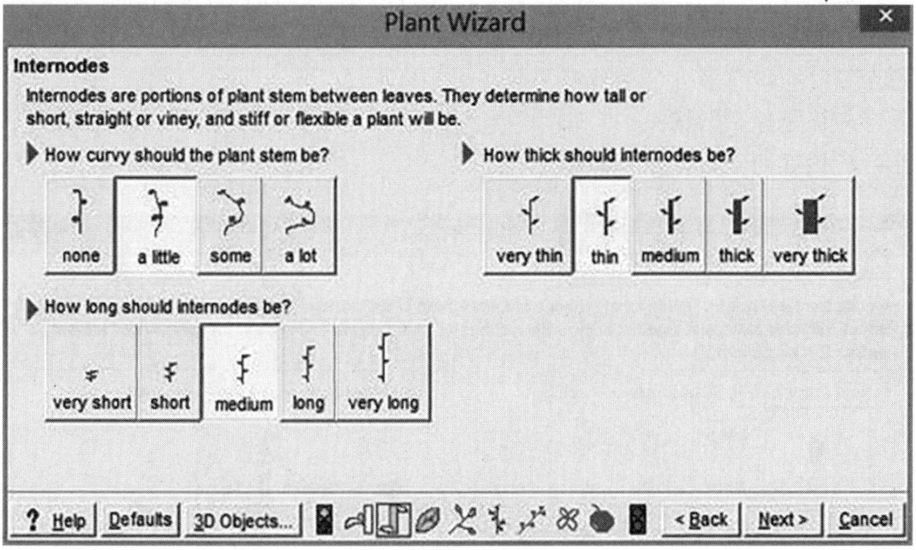


图 6-3-5 节间设置窗口

【叶子(leaves)】点击后弹出叶子设置窗口,如图 6-3-6 所示。Plant Studio 利用代表 3D 叶形的“3D 物体”绘制树叶。随着树叶的生长,3D 物体变得更大,叶子被一柄叫作叶柄的茎连接到植物上。结合具体的植物,在这一部分,有四个选项:

- 应该用什么 3D 物体来画树叶?
- 叶柄应该多长?
- 一个全尺寸的叶子应该画多大?
- 每一片叶子与茎干成什么角?

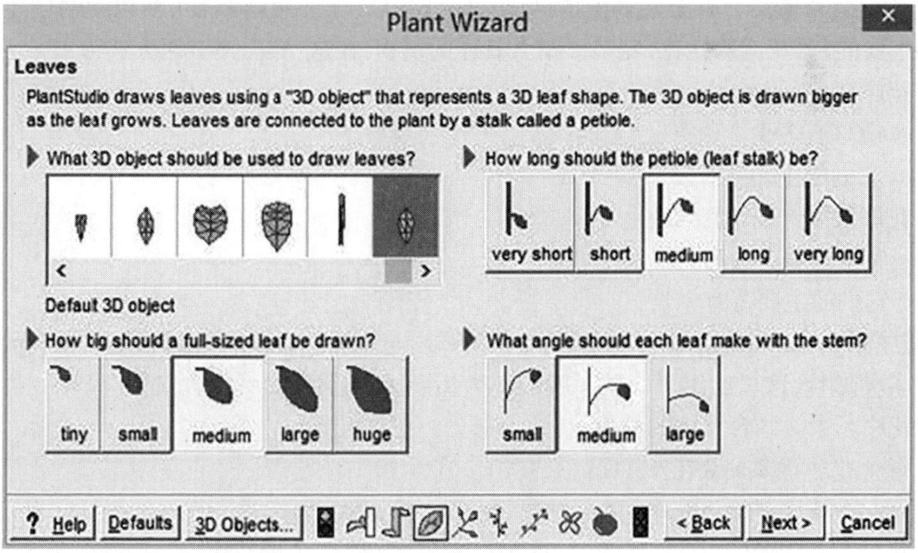


图 6-3-6 叶设置窗口

【复叶(compound leaves)】点击后弹出复叶设置窗口,如图 6-3-7 所示。复叶是由两个或多个小叶组成的叶子。这些小叶看起来像小的整片叶子,但它们通常以相同的模式排列在一起。没有小叶的叶子是单叶。结合具体的植物,在这一部分,有三个选项:

- 每个复叶应该有多少个小叶?
- 复叶应该是什么形状?
- 小叶应该如何分布?

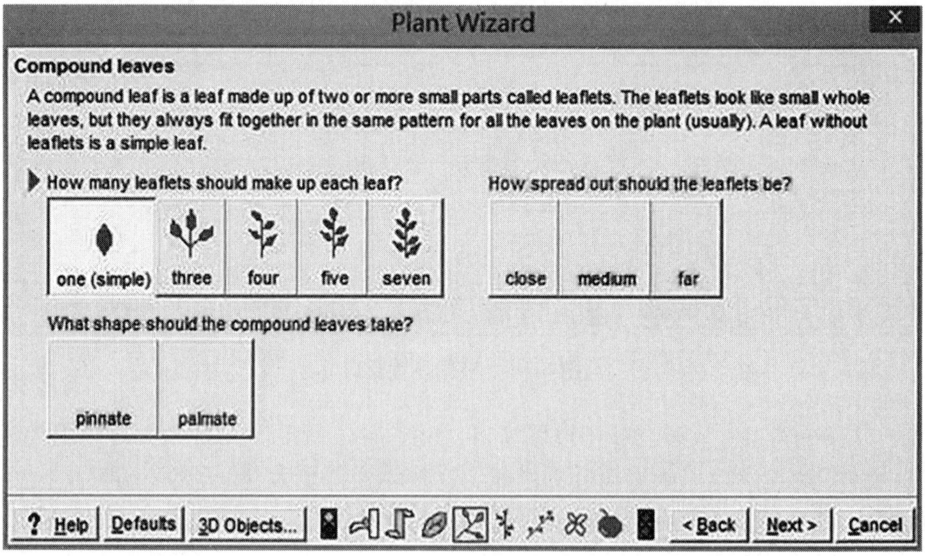


图 6-3-7　复叶设置窗口

【花序放置(inflorescence placement)】点击后弹出花序设置窗口,如图 6-3-8 所示。植物的花序上有花朵和果实。由于大多数植物都是两性花(雄蕊和雌蕊都有),所以植物创建向导只创造了主要的(雌花或两性花)花朵。结合具体的植物,在这一部分,有两大选项:

- 花序顶生(apexes)。
  - ✧ 应该有多少个顶点?
  - ✧ 它们的主要茎有多长?
- 花序腋生。
  - ✧ 应该有多少轴向花序?
  - ✧ 它们的主要茎有多长?

【花序画法(inflorescence drawing)】点击后弹出花序画法设置窗口,如图 6-3-9 所示。花序可以有多种形状,这里给出了一些。我们稍微拓展了"花序"的真正含义,在只有一朵花情况下使用花序场景。结合具体的植物,在这一部分,有三个选项:

- 每个花序有多少朵花? (1、2、3、5、10、20)
- 每一个花序茎应该有多粗? (非常薄、薄、中等、厚、很厚)
- 每个花序的形状? (穗状花序、总状花序、圆锥花序、伞形花序、簇状花序、顶生花序)

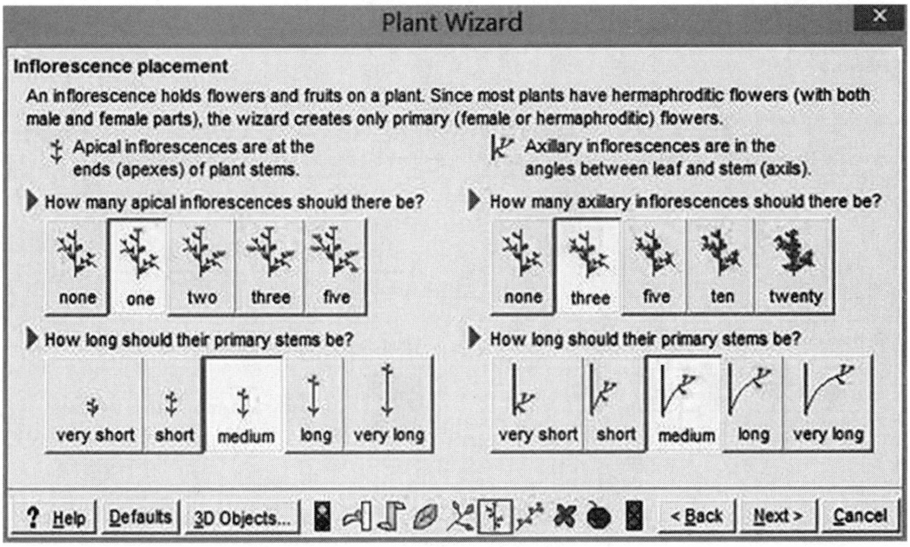


图 6-3-8　花序放置设置窗口

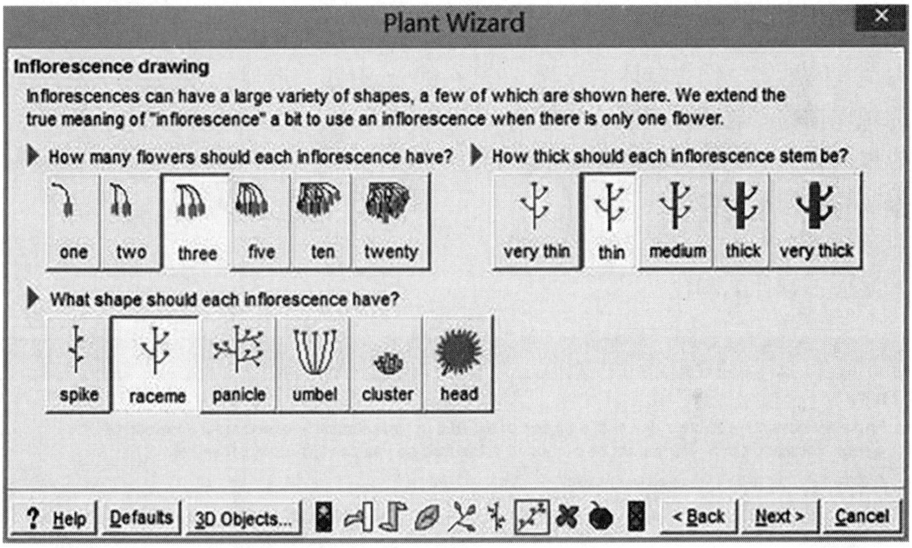


图 6-3-9　花序画法设置窗口

【花(flowers)】点击后弹出花设置窗口,如图 6-3-10 所示。与叶一样,花也是使用 3D 对象绘制的。但在这里,3D 对象只表示花朵的一个花瓣。许多花瓣围绕一个中心旋转绘制,使形状看起来像花一样。结合具体的植物,在这一部分,有四个选项:

- 花瓣用什么 3D 物体?
- 花瓣应该被画多大?
- 一朵花应该有多少个花瓣?
- 花应该画什么颜色?

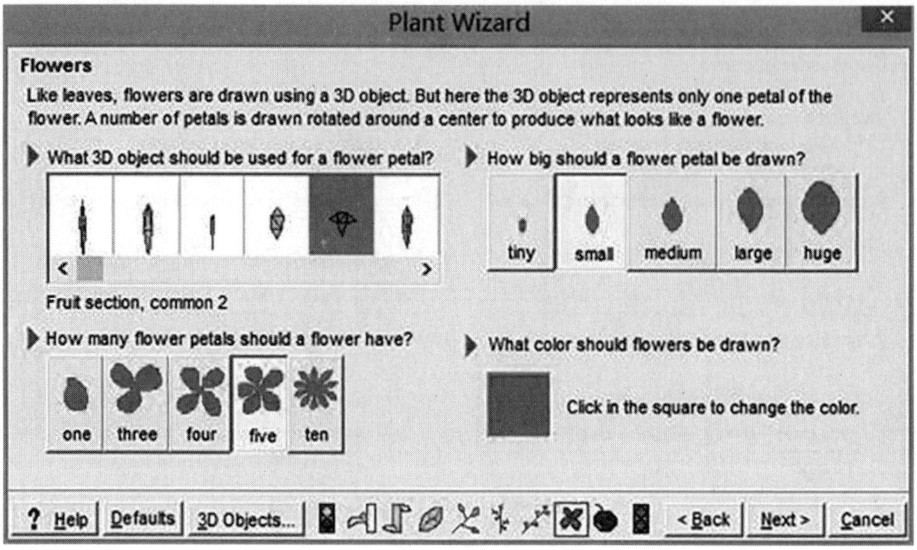


图 6-3-10　花设置窗口

【果实(fruit)】点击后弹出果实设置窗口,如图 6-3-11 所示。果实的设置和花朵一样,但有一部分果实("水果切片")旋转而不是花瓣。对于许多植物来说,你不会对果实感兴趣,所以你可以完全关闭果实。结合具体的植物,在这一部分,有四个选项:

- 你想在植物中看到果实吗?
- 应该用什么 3D 对象来绘制每个果实切片?
- 果实切片应该有多大?
- 应该用多少个果实分段来画出果实?
- 果实应该画什么颜色?

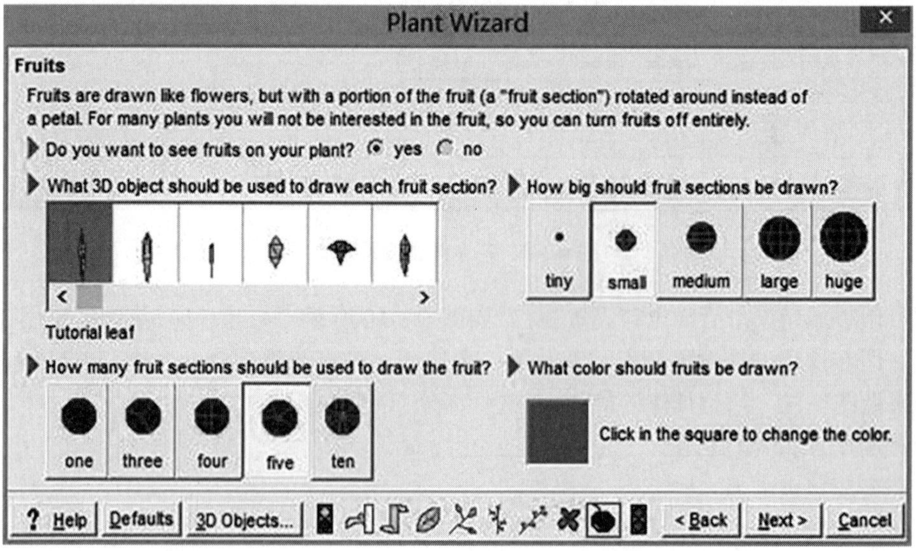


图 6-3-11　果实设置窗口

2. **创建番茄植物**

在现实生活中,如何在短时间内知道一棵植物的形态,Plant Studio 就很好地实现了这个愿望。这里以番茄作为例子来完成虚拟植物创作。

番茄为茄科草本植物,如图 6-3-12 所示,包括有限生长型、半有限生长型和无限生长型。条件适宜时可多年生长。植株高 0.7～2 m。全株被黏质腺毛。茎为半直立性或半蔓性,易倒伏,高 0.7～1.0 m 或 1.0～1.3 m 不等。茎的分枝能力强,茎节上易生不定根,茎易倒伏,触地则生根,所以番茄扦插繁殖较易成活。奇数羽状复叶或羽状深裂,互生;叶长 5～40 cm;小叶极不规则,大小不等,常 5～9 枚,卵形或长圆形,长 5～7 cm,前端渐尖,边缘有不规则锯齿或裂片,局部歪斜,有小柄。

**图 6-3-12　番茄图**

☞ 步骤 1　分生组织设置

分生组织根据图 6-3-12 的比较设置为二级分支,如图 6-3-13 所示。

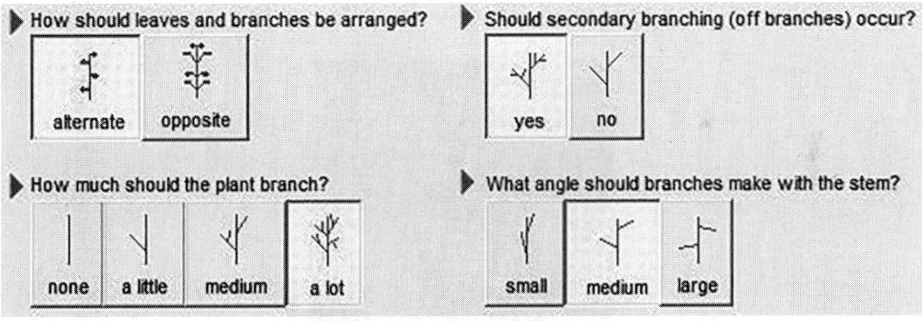


**图 6-3-13　番茄分生组织设置**

☞ 步骤 2　节间设置

像番茄这样的弱茎植物应该有较多的弯曲。矮化番茄属于自封顶品种,节间极短,植株极度矮化,一般不用整枝、搭架。根据以上资料和平时对番茄的大概了解,设置如图 6-3-14 所示。

☞ 步骤 3　叶子设置

番茄定植时期:正常植株叶片为手掌形,小叶片大,叶柄短粗,叶肉厚,叶脉稍隆起,叶端尖,有光泽,节间正常,并且在第五节之前每节都比下一节长一点。八片或九片真叶开第一穗花。一般来说,穴盘或营养杯育苗在正常情况下四叶一心到六叶可定植。

成株时期：开花位置一般距顶端 20 cm 左右，第一穗花之前叶数 6～14 片，穗间距一般 20～25 cm，叶片大，茎粗壮，坐果能力强，每穗可留 4～6 个果，大小均匀，如图 6-3-16 所示。

根据以上信息，按成株时期叶子信息设置，如图 6-3-15 所示。

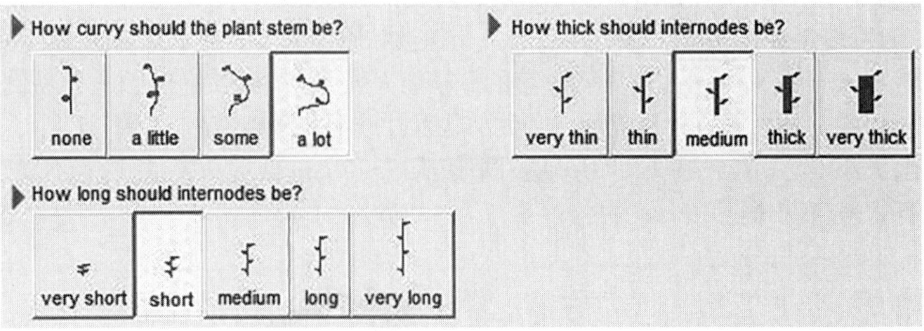


图 6-3-14　番茄节间设置

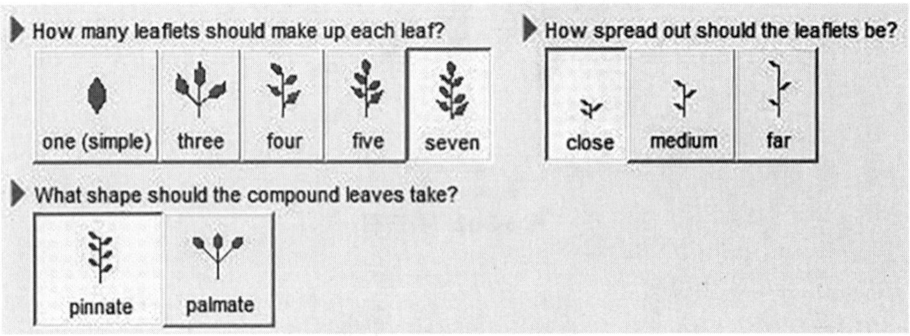


图 6-3-15　番茄叶子设置

图 6-3-16　番茄成株时期叶子形状

☞ 步骤4　复叶设置

观察图6-3-16中番茄叶的组成规律，设置复叶信息如图6-3-17所示。

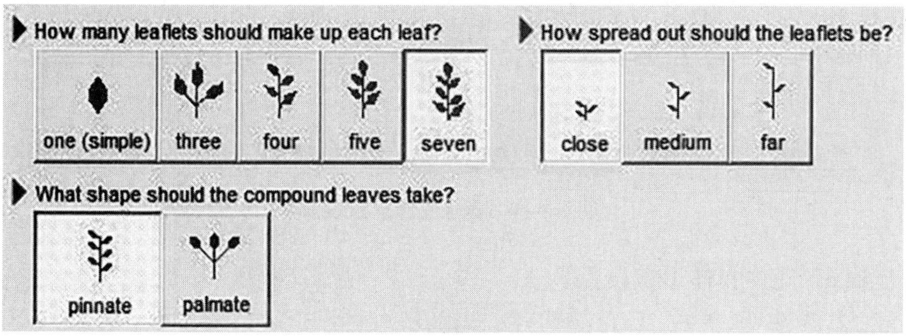


**图6-3-17　番茄复叶设置**

☞ 步骤5　花序放置设置

按照番茄花序的着生位置及主轴的生长的特性可分为有限生长型和无限生长型，如图6-3-18所示。

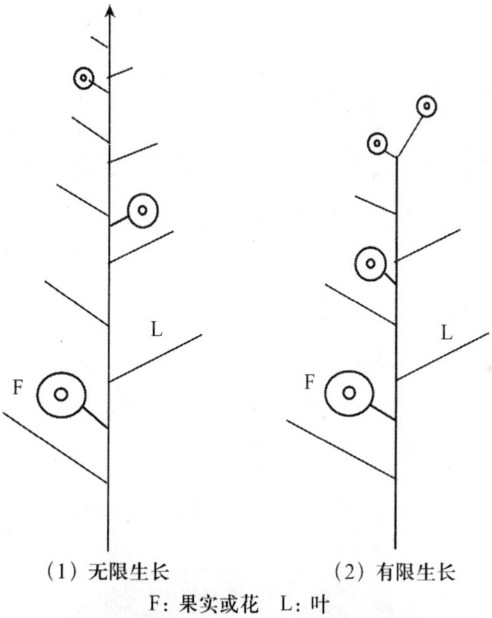


**图6-3-18　番茄的两种生长特性**

有限生长型：自主茎生长6～8片真叶后，开始生第一个花序，以后每隔1～2叶生一花序，但在主茎着生2～3个花序后，不再向上伸长，由叶腋所生的侧枝上，一般只能生1～2个花序，就自行封顶。

无限生长型：在主茎生长7～9片叶后，开始着生第一个花序，以后每隔2～3片叶子着生一个花序。花序下的侧芽可以继续向上生长。由叶腋抽生的侧枝上也能同样发生花序。

这里我们采用的有限生长型番茄来作为创建对象，因此，设置如图6-3-19所示。

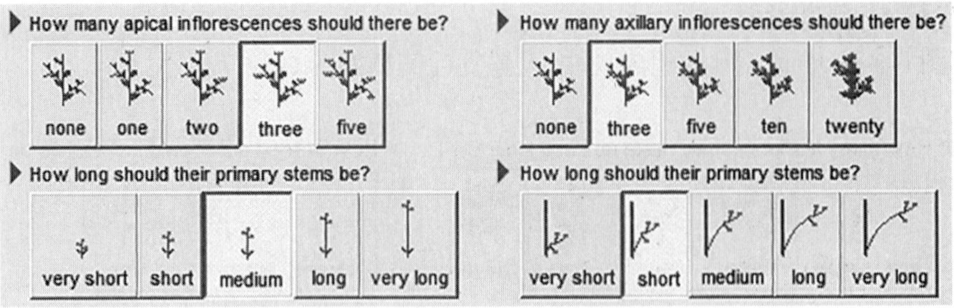


图 6-3-19　番茄花序放置设置

☞ 步骤 6　花序具体形状设置

番茄花为两性花，黄色，自花授粉，复总状花序。花 3～9 朵，成侧生的聚伞花序；花萼 5～7 裂，裂片披针形至线形，果时宿存；花冠黄色，辐射状，5～7 裂，直径约 2 cm；雄蕊 5～7 根，着生于筒部，花丝短，花药半聚合状，或呈一锥体绕于雌蕊；子房 2 室至多室，柱头头状。果实为浆果，浆果扁球状或近球状，肉质而多汁，橘黄色或鲜红色，光滑。种子扁平、肾形，灰黄色，千粒重 3.0～3.3 g，寿命 3～4 年。花、果期夏、秋季。根系发达，再生能力强，但大多根群分布在 30～50 cm 的土层中。

根据以上信息，我们选取一个中间值作为例子，如图 6-3-20 所示。

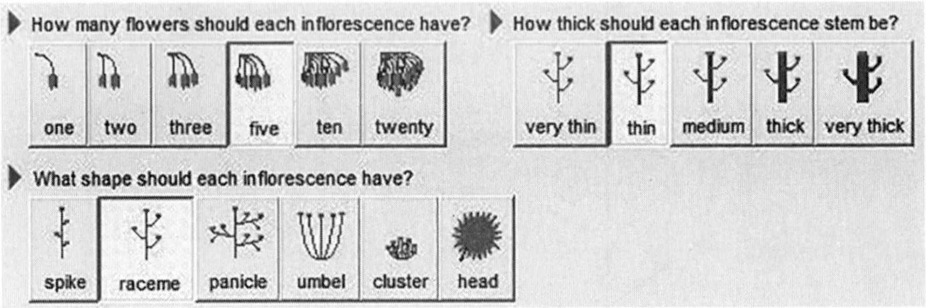


图 6-3-20　番茄花序具体形状设置

☞ 步骤 7　花的细节表现

番茄花如图 6-3-21 所示，花序总梗长 2～5 cm，常 3～7 朵花；花梗长 1～1.5 cm；花萼辐状，裂片披针形，大多有 5 瓣花瓣，果时宿存；花冠辐状，直径约 2 cm，黄色。

图 6-3-21　番茄花

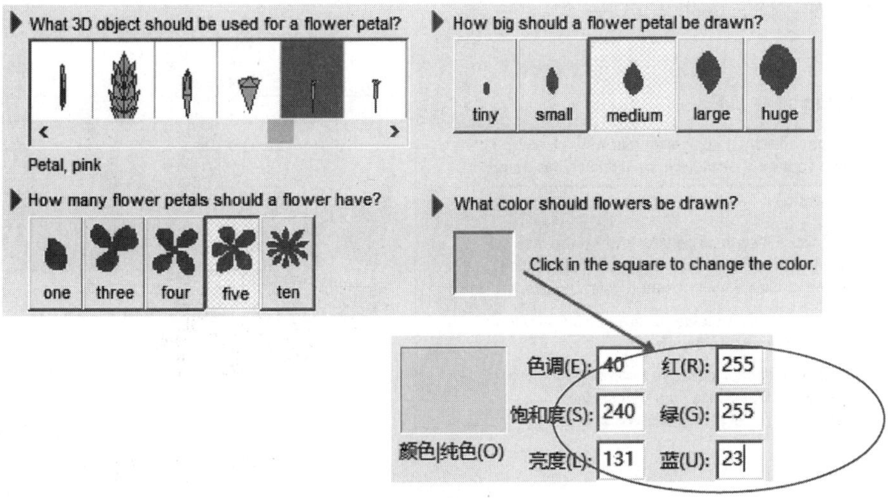


图 6-3-22　番茄花设置

☞步骤 8　果实设置

番茄果实切面,根据图 6-3-23 设置如图 6-3-24 所示。

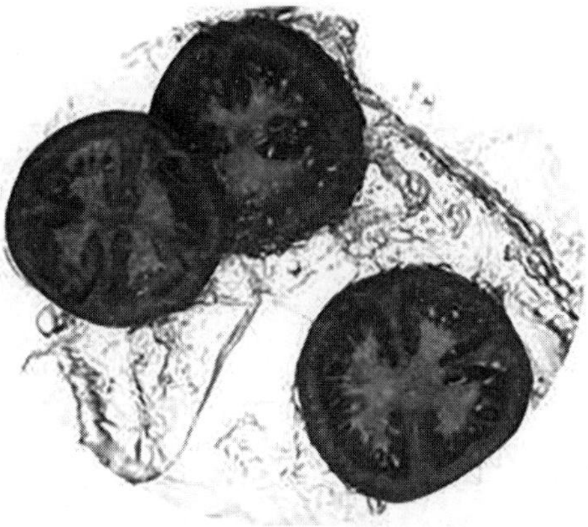

图 6-3-23　番茄果实

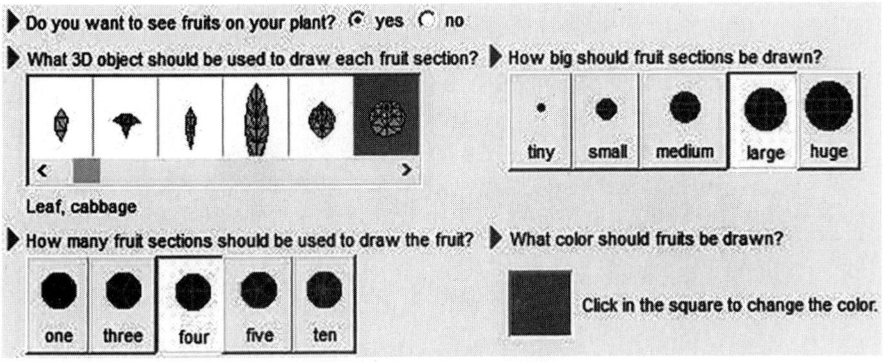


图 6-3-24　番茄果实设置

☞ 步骤 9　最后成果展示

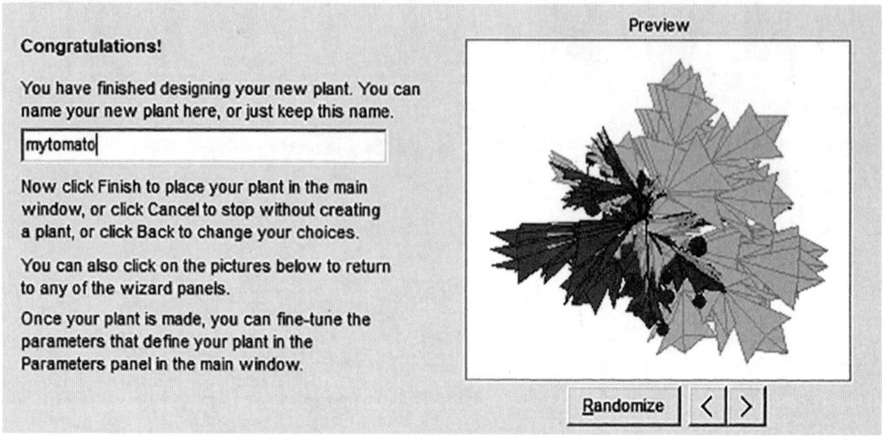


**图 6-3-25　番茄植物创建完成**

创建完成后，可以看到整株植物的形状，还可以打开动画功能演示观看其生长过程。

# 项目 7 智能农业装备

## 7-1 滴灌系统选型与水肥泵的变频控制任务概要

| | | |
|---|---|---|
| 知识、技能、素养目标 | 知识目标 | 1. 了解滴灌系统的基本结构。<br>2. 了解滴灌系统的技术难点与创新方向。<br>3. 了解滴灌系统在实际应用中的缺陷与创新方向。<br>4. 掌握总线式变频器的参数设置与总线控制方法。 |
| | 技能目标 | 1. 能设计一套滴灌系统并进行基础设备选型。<br>2. 能进行滴灌系统的变频器与水泵配型。<br>3. 能进行滴灌母管的压力控制。 |
| | 素养目标 | 1. 培养团队协作精神。<br>2. 培养爱农、知农、兴农情怀。<br>3. 培养创新思考精神。 |
| 情境描述 | | 根据蓝莓大田种植智慧滴灌系统的功能需求,以及设备配型的需要,通过淘宝、阿里巴巴、京东等购物网站,配置合适的产品,并将该产品的关键选型参数填入相应表格,同时进行报价。通过串口助手对变频器进行参数控制,掌握恒压变频水泵的基本调节原理。 |
| 学习内容 | | 1. 水泵的恒压变频控制。<br>2. 现场总线结构。<br>3. 滴灌系统的结构组成。<br>4. 滴灌系统的工作原理。 |
| 任务流程 | | 步骤 1:阅读案例材料。<br>步骤 2:滴灌系统选型。<br>步骤 3:水肥泵变频控制。<br>步骤 4:阅读知识链接。<br>步骤 5:小组讨论。<br>步骤 6:拓展应用。 |

续表

| | |
|---|---|
| 学习产出 | 1. 小组讨论发言。<br>2. 应用实践。 |
| 评价反馈 | 结合课堂讲解和网络平台资源完成任务,评价指标详见教材活页 7-1-3,任务要点:<br>1. 虚实结合完成设备选型和水泵的变频控制设置。<br>2. 小组成员查阅资料,共同探讨滴灌技术的技术现状。<br>3. 对提出的问题能够结合理论和实践进行分析。<br>4. 提出合理化建议和意见。 |
| 附件 | 1. 滴灌系统选型实践任务记录表。<br>2. 水肥泵变频控制实践任务记录表。<br>3. 任务考核评价表。<br>4. 知识链接——滴灌技术优缺点。 |

## 7-1-1 滴灌系统选型实践任务记录表

<table>
<tr><th>序号</th><th>步序</th><th>选型参考</th><th>选型关键参数</th><th>价格</th></tr>
<tr><td rowspan="2">1</td><td>离心水泵选型</td><td>流量:12 m³/h<br>工作方式:离心式<br>工作压力:3～4 kg 压力</td><td></td><td></td></tr>
<tr><td colspan="4">(贴图)</td></tr>
<tr><td rowspan="2">2</td><td>变频器</td><td>功率:离心水泵额定功率的 1.5 倍<br>通信方式:MODBUS RTU 总线<br>总线通信参数:波特率范围 2 400～115 200<br>奇偶校验:无校验;停止位:1;数据位:8 位<br>功能码支持:01 03 05 06</td><td></td><td></td></tr>
<tr><td colspan="4">(贴图)</td></tr>
<tr><td rowspan="2">3</td><td>压力传感器</td><td>精度:0.1 级及以上<br>量程:0～600 kPa<br>通信方式:MODBUS RTU 总线<br>总线通信参数:波特率范围 2 400～115 200<br>奇偶校验:无校验;停止位:1;数据位:8 位<br>功能码支持:01 03 05 06</td><td></td><td></td></tr>
<tr><td colspan="4">(贴图)</td></tr>
<tr><td rowspan="2">4</td><td>液位传感器</td><td>精度:0.1 级及以上<br>量程:0～200 kPa<br>通信方式:MODBUS RTU 总线<br>总线通信参数:波特率范围 2 400～115 200<br>奇偶校验:无校验;停止位:1;数据位:8 位<br>功能码支持:01 03 05 06</td><td></td><td></td></tr>
<tr><td colspan="4">(贴图)</td></tr>
<tr><td rowspan="2">5</td><td>工业级总线 DTU</td><td>DTU 通信方式:MODBUS RTU 总线<br>DTU 通信参数:波特率范围 2 400～115 200<br>奇偶校验:无校验;停止位:1;数据位:8 位<br>网络协议:4G/5G/Wi-Fi</td><td></td><td></td></tr>
<tr><td colspan="4">(贴图)</td></tr>
</table>

## 7-1-2 水肥泵变频控制实践任务记录表

| 序号 | 步序 | 实践目标 | 要点记录 | 完成时间 |
| --- | --- | --- | --- | --- |
| 1 | 开关电源接线 | 1. 完成电源模块电源接线<br>2. 测量输出为 24 V | | |
| 2 | 驱动模块电气接线 | 1. 完成 RS485 转 USB 驱动模块供电接线<br>2. USB 模块在硬件管理中可见 | | |
| 3 | 变频器接线 | 1. 完成变频器电源接线<br>2. 完成变频器控制电源接线(如需独立配置)<br>3. 变频器面板指示正常 | | |
| 4 | 变频器远程参数设置 | 1. 安装操作手册将变频器工作模式设为远程<br>2. 按照操作手册将变频器通信设为总线 | | |
| 5 | 变频器总线连接 | 1. 将所有电源断开<br>2. 将变频器总线 RX、TX 接入 | | |
| 6 | 总线调试 | 1. 打开串口通信软件<br>2. 输入 01 06 03 E9 32 00 4D 1A 指令观察变频器参数变化<br>3. 参考操作指令,改变频率参数指令 | | |

## 7-1-3 任务考核评价表

| 序号 | 评价指标 | 评价依据 | 评分标准 | 评价 |
| --- | --- | --- | --- | --- |
| 1 | 工作态度 | 1. 关键设备的选型数量 10 个<br>2. 变频器总线指令试验数量 5 个<br>3. 创新创意小卡片 1 张 | 见附录 | |
| 2 | 工作质量 | 1. 设备选型参数合格率<br>2. 变频器动作结果正确率 | 见附录 | |
| 3 | 过程评价 | 1. 过程记录完备<br>2. 过程记录具有思考性 | 见附录 | |
| 4 | 工作效率 | 实践时间记录排名 | 见附录 | |
| 5 | 交流交互 | 过程记录具有交流交互 | 见附录 | |
| 6 | 创新思维 | 创新创意的实用性与实践性 | 见附录 | |
| 7 | 安全意识 | 实践过程中的人身安全与设备安全防护 | 见附录 | |
| 总分 | | | | |

## 7-1-4 知识链接

### 滴灌技术优缺点

**一、滴灌技术的优点**

滴灌技术的优点有很多,主要表现在:

1. **水的有效利用率高**。

在滴灌条件下,灌溉水湿润部分土壤表面,可有效减少土壤水分的无效蒸发。同时,由于滴灌仅湿润作物根部附近土壤,其他区域土壤水分含量较低,因此,可防止杂草的生长。滴灌系统不产生地面径流,且易掌握精确的施水深度,非常省水。

2. **环境湿度低**。

滴灌灌水后,土壤根系通透条件良好,通过注入水中的肥料,可以提供足够的水分和养分,使土壤水分处于能满足作物要求的稳定和较低吸力状态,灌水区域地面蒸发量也小,这样可以有效控制保护地内的湿度,使保护地中作物的病虫害的发生频率大大降低,也降低了农药的施用量。

3. **提高作物产品品质**。

由于滴灌能够及时适量供水、供肥,它可以在提高农作物产量的同时,提高和改善农产品的品质,使保护地的农产品商品率大大提高,经济效益高。

4. **对地形和土壤的适应能力强**。

由于滴头能够在较大的工作压力范围内工作,且滴头的出流均匀,所以滴灌适宜于地形有起伏的地块和不同种类的土壤。同时,滴灌还可减少中耕除草,也不会造成地面土壤板结。

5. **省水省工,增产增收**。

因为灌溉时,水不在空中运动,不打湿叶面,也没有有效湿润面积以外的土壤表面蒸发,故直接损耗于蒸发的水量最少;容易控制水量,不致产生地面径流和土壤深层渗漏,故可以比喷灌节水 35%~75%。由于株间未供应充足的水分,杂草不易生长,因而作物与杂草争夺养分的干扰大为减轻,减少了除草用工。由于作物根区能够保持着最佳供水状态和供肥状态,故能增产。

**二、滴灌技术的缺点**

滴灌技术也具有显著的缺点,主要表现在:

滴灌系统造价较高。由于杂质、矿物质沉淀的影响会使毛管滴头堵塞;滴灌的均匀度也不易保证,这些都是大面积推广滴灌技术的障碍。

滴头的流道较小,滴头易于堵塞;且滴灌灌水量相对较小,容易造成盐分积累等问题。

# 7-2 滴灌管路监测机器人选型与超宽带定位试验任务概要

| | | |
|---|---|---|
| 知识、技能、素养目标 | 知识目标 | 1. 了解机器人导航的基本原理。<br>2. 了解滴灌管路监测的技术难点与创新方向。<br>3. 了解机器人导航在实际应用中的缺陷与创新方向。<br>4. 掌握超宽带定位原理。 |
| | 技能目标 | 1. 能设计一套机器人导航系统并进行基础设备选型。<br>2. 能进行导航基站、导航标签的配型。<br>3. 能进行机器人的运动导航设计与导航位置监视。 |
| | 素养目标 | 1. 培养团队协作精神。<br>2. 培养爱农、知农、兴农情怀。<br>3. 培养创新思考精神。<br>4. 培养多角度工程思维。 |
| 情境描述 | | 滴灌系统的显著缺点之一就是滴头的流道较小,滴头易于堵塞;且滴灌灌水量相对较小,容易造成盐分积累等问题。 |
| 学习内容 | | 根据蓝莓大田种植智慧滴灌系统的滴灌管路工作状态移动监视需求,以及机器人导航定位设备的配型需要,通过淘宝、阿里巴巴、京东等购物网站,配置合适的产品,并将该产品的关键选型参数填入相应表格,同时进行报价。通过自主开发监视软件对导航定位的超宽带定位系统进行参数设置与数据监视,掌握机器人导航定位的基本原理。 |
| 任务流程 | | 步骤 1:阅读案例材料。<br>步骤 2:滴灌系统选型。<br>步骤 3:UWB 超宽带测距。<br>步骤 4:阅读知识链接。<br>步骤 5:小组讨论。<br>步骤 6:拓展应用。 |
| 学习产出 | | 1. 小组讨论发言。<br>2. 应用实践。 |
| 评价反馈 | | 结合课堂讲解和网络平台资源完成任务,评价指标详见教材活页 7-2-3,任务要点:<br>1. 虚实结合完成管路机器人选型和超宽带定位试验。<br>2. 小组成员查阅资料,共同探讨滴灌监测的技术现状。<br>3. 对提出的问题能够结合理论和实践进行分析。<br>4. 提出合理化建议和意见。 |
| 附件 | | 1. 滴灌系统选型实践过程记录。<br>2. UWB 超宽带测距实践过程记录。<br>3. 任务考核评价表。<br>4. 知识链接——UWB 超宽带定位测距原理。 |

## 7-2-1 滴灌系统选型实践任务记录表

<table>
<tr><th>序号</th><th>步序</th><th>选型参考</th><th>选型关键参数</th><th>价格</th></tr>
<tr><td rowspan="2">1</td><td>UWB 超宽带基站或标签选型</td><td>工作电压:宽电压或者 5 V<br>测量距离:>100 m<br>测量精度:<10 cm</td><td></td><td></td></tr>
<tr><td colspan="4">(贴图)</td></tr>
<tr><td rowspan="2">2</td><td>数传电台选型</td><td>工作电压:宽电压或者 5 V<br>通信距离:>100 m<br>串口数:1 个<br>通信方式:MODBUS RTU 总线<br>总线通信参数:波特率范围 2 400～115 200;奇偶校验:无校验;停止位:1;数据位:8 位<br>通信方式:支持透传<br>类型:ZIGBEE/LORA</td><td></td><td></td></tr>
<tr><td colspan="4">(贴图)</td></tr>
<tr><td rowspan="2">3</td><td>控制器</td><td></td><td></td><td></td></tr>
<tr><td colspan="4">(贴图)</td></tr>
</table>

续表

<table>
<tr><th>序号</th><th>步序</th><th>选型参考</th><th>选型关键参数</th><th>价格</th></tr>
<tr><td rowspan="2">4</td><td>机器人平台</td><td>支持 ROS 系统<br>支持 WINDOWS 平台<br>支持 LINUX 系统<br>支持 OPENCV 视觉编程<br>载重 30 kg 以上<br>适合垄间行走,履带式为佳<br>开源为佳</td><td></td><td></td></tr>
<tr><td colspan="4">(贴图)</td></tr>
<tr><td rowspan="2">5</td><td>摄像头</td><td>支持 ROS 系统<br>支持 WINDOWS 平台<br>支持 LINUX 系统<br>支持 OPENCV 视觉编程<br>开源为佳<br>视距 0～5 m<br>180°<br>无畸变<br>800 万像素以上<br>USB 驱动</td><td></td><td></td></tr>
<tr><td colspan="4">(贴图)</td></tr>
</table>

## 7-2-2 UWB超宽带测距实践任务记录表

| 序号 | 步序 | 实践目标 | 要点记录 | 完成时间 |
|---|---|---|---|---|
| 1 | 开关电源接线 | 1. 完成电源模块电源接线；<br>2. 测量输出为24 V | | |
| 2 | 驱动模块电气接线 | 1. 完成RS485转USB驱动模块供电接线；<br>2. USB模块在硬件管理中可见 | | |
| 3 | UWB超宽带基站设置 | 1. 完成基站设置；<br>2. 完成基站组网参数设置；<br>3. 基站重启成功 | | |
| 4 | UWB超宽带从站设置 | 1. 将两个元件设置为基站从站；<br>2. 按照操作手册将从站参数绑定至基站 | | |
| 5 | UWB超宽带标签设置 | 1. 将一个元件设置为标签；<br>2. 按照操作手册将标签参数绑定至基站 | | |
| 6 | 测距调试 | 1. 打开串口调试软件；<br>2. 将标签和从站用电池供电；<br>3. 将基站通过串口转RS485模块接入电脑，观察并读取标签到各个基站位置 | | |

## 7-2-3 任务考核评价表

| 序号 | 评价指标 | 评价依据 | 评分标准 | 评价 |
| --- | --- | --- | --- | --- |
| 1 | 工作态度 | 1. 关键设备的选型数量 10 个<br>2. 标签定位试验数量 5 个<br>3. 创新创意小卡片 1 张 | 见附录 | |
| 2 | 工作质量 | 1. 设备选型参数合格率<br>2. 标签定位显示结果正确率 | 见附录 | |
| 3 | 过程评价 | 1. 过程记录完备<br>2. 过程记录具有思考性 | 见附录 | |
| 4 | 工作效率 | 实践时间记录排名 | 见附录 | |
| 5 | 交流交互 | 课堂环节和小组讨论具有交流交互 | 见附录 | |
| 6 | 创新思维 | 创新创意的实用性与实践性 | 见附录 | |
| 7 | 安全意识 | 实践过程中的人身安全与设备安全防护 | 见附录 | |
| 总分 | | | | |

## 7-2-4 知识链接

UWB 超宽带定位测距原理

UWB 超宽带定位测距原理是指双向飞行时间法（TW-TOF，two way-time of flight）。超宽带每个模块从启动开始即会生成一条独立的时间戳。譬如：模块 A 的发射机在其时间戳上的 $Ta_1$ 发射请求性质的脉冲信号，模块 B 在 $Tb_2$ 时刻发射一个响应性质的信号，该信号模块 A 在自己的时间戳 $Ta_2$ 时刻接收。依次可以计算出脉冲信号在两个模块之间的飞行时间，从而确定飞行距离 $S$，这里 $S = C \times [(Ta_2 - Ta_1) - (Tb_2 - Tb_1)]$（$C$ 为光速）。如图 7-1-1 所示。

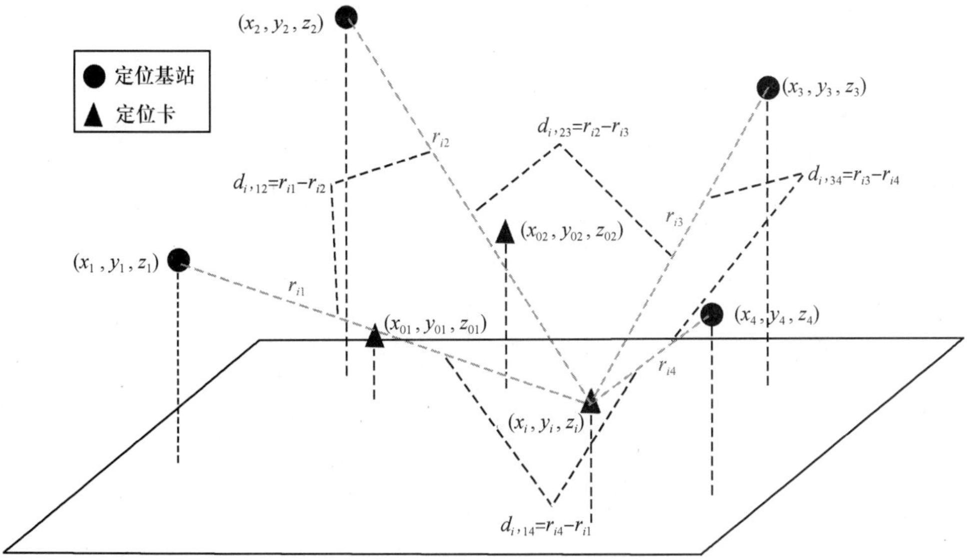


**图 7-1-1 UWB 超宽带定位测距原理**

TOF 测距方法属于双向测距技术，它主要利用信号在两个异步收发机（Transceiver）之间的飞行时间来测量节点间的距离。因为在视距视线环境下，基于 TOF 测距方法是随距离呈线性关系，所以结果会更加精准。我们将发送端发出数据包和接收回应的时间间隔记为 $T_{TOT}$，接收端收到数据包和发出回应的时间间隔记为 $T_{TAT}$，那么数据包在空中单向飞行的时间 $T_{TOF}$ 可以计算为：$T_{TOF} = (T_{TOT} - T_{TAT})/2$。根据 $T_{TOF}$ 与电磁波传播速度的乘积便可计算出两点间的距离 $D = C \times T_{TOF}$。

TOF 测距方法的精确度和两个关键侧约束：

(1) 发送设备和接收设备必须始终同步；

(2) 接收设备提供信号的传输时间的长短。

为了实现始终同步，TOF 测距方法采用了始终偏移量来解决始终同步问题，但由于 TOF 测距方法的时间延迟与本地的远程节点有关，测距精度容易受两端节点中的始终偏移量的影响。为了减少此类错误的影响，这里采用反向测量方法，即远程节点发送数据包，本地节点接收数据包，并自动响应。通过正向和反向多次测量的平均值，减少对任何始终偏移量的影响，从而减少测距误差。

# 7-3 无人机蓝莓生长状态监测系统选型与北斗导航试验任务概要

| | | |
|---|---|---|
| 知识、技能、素养目标 | 知识目标 | 1. 了解无人机导航的基本原理。<br>2. 了解蓝莓生长状态监测的技术难点与创新方向。<br>3. 了解无人机导航在实际应用中的不足与创新方向。<br>4. 掌握北斗定位原理。 |
| | 技能目标 | 1. 能设计一套无人机导航系统并进行基础设备选型。<br>2. 能进行导航基站、导航电台的配型。<br>3. 能进行无人机导航设计与导航位置监视。 |
| | 素养目标 | 1. 培养团队协作精神。<br>2. 培养爱农、知农、兴农情怀。<br>3. 培养创新思考精神。<br>4. 培养多角度工程思维。 |
| 情境描述 | | 根据大田种植蓝莓生长长势监测的功能需求，以及设备配型的需要，通过淘宝、阿里巴巴、京东等购物网站，配置合适的产品，并将该产品的关键选型参数填入相应表格，同时进行报价。通过串口助手对北斗精确定位进行监视，掌握北斗精确定位的基本原理。 |
| 学习内容 | | 1. 无人机导航工作原理。<br>2. 无人机飞控方式。<br>3. 无人机导航系统的结构组成。<br>4. 无人机的位姿监测与惯导原理。 |
| 任务流程 | | 步骤 1:阅读案例材料。<br>步骤 2:无人机蓝莓生长监测系统选型。<br>步骤 3:无人机北斗 RTK 定位试验<br>步骤 4:阅读知识链接。<br>步骤 5:小组讨论。<br>步骤 6:拓展应用。 |
| 学习产出 | | 1. 小组讨论发言。<br>2. 应用实践。 |
| 评价反馈 | | 结合课堂讲解和网络平台资源完成任务，评价指标详见教材活页 7-3-3，任务要点：<br>1. 虚实结合完成监测无人机选型和北斗导航试验。<br>2. 小组成员查阅资料，共同探讨作物生长状态监测的技术现状。<br>3. 对提出的问题能够结合理论和实践进行分析。<br>4. 提出合理化建议和意见。 |
| 附件 | | 1. 无人机蓝莓生长状态监测系统选型实践任务记录表。<br>2. 北斗测距实践任务记录表。<br>3. 任务考核评价表。<br>4. 知识链接——无人机飞行姿态。 |

## 7-3-1 无人机蓝莓生长状态监测系统选型实践任务记录表

| 序号 | 步序 | 选型参考 | 选型关键参数 | 价格 |
|---|---|---|---|---|
| 1 | 北斗 RTK 基站 | 工作电压:宽电压或者 5 V<br>覆盖距离:>1 000 m<br>测量精度:<30 cm<br>工作方式:北斗 | | |
| | (贴图) | | | |
| 2 | 北斗 RTK 移动站 | 工作电压:宽电压或者 5 V<br>覆盖距离:>1 000 m<br>测量精度:<30 cm<br>工作方式:北斗 | | |
| | (贴图) | | | |
| 3 | 控制器 | 与飞控软件配套<br>带视觉控制<br>具有路径规划与自动返航能力 | | |
| | (贴图) | | | |

续表

<table>
<tr><th>序号</th><th>步序</th><th>选型参考</th><th>选型关键参数</th><th>价格</th></tr>
<tr><td rowspan="2">4</td><td>无人机飞控平台</td><td>支持 ROS 系统<br>支持 WINDOWS 平台<br>支持 LINUX 系统<br>支持 OPENCV 视觉编程<br>载重 10 kg 以上<br>开源为佳</td><td></td><td></td></tr>
<tr><td colspan="4">(贴图)</td></tr>
<tr><td rowspan="2">5</td><td>摄像头</td><td>支持 ROS 系统<br>支持 WINDOWS 平台<br>支持 LINUX 系统<br>支持 OPENCV 视觉编程<br>开源为佳<br>视距 0～5 m<br>180°<br>无畸变<br>800 万像素以上<br>USB 驱动</td><td></td><td></td></tr>
<tr><td colspan="4">(贴图)</td></tr>
</table>

## 7-3-2 北斗测距实践任务记录表

| 序号 | 步序 | 实践目标 | 要点记录 | 完成时间 |
|---|---|---|---|---|
| 1 | 开关电源接线 | 1. 完成电源模块电源接线；<br>2. 测量输出为 24 V。 | | |
| 2 | 驱动模块电气接线 | 1. 完成 RS485 转 USB 驱动模块供电接线；<br>2. USB 模块在硬件管理中可见。 | | |
| 3 | 北斗基站设置 | 1. 完成基站设置；<br>2. 完成基站组网参数设置；<br>3. 基站重启成功。 | | |
| 4 | 北斗移动站设置 | 1. 将元件设置为移动站；<br>2. 按照操作手册将移动站串口数据设定与基站一致。 | | |
| 5 | 北斗串口数据格式设置 | 1. 按照操作手册将电台数据格式设定成 GPGGA 数据；<br>2. 打开串口助手观测数据格式是否正常。 | | |
| 6 | 测距调试 | 1. 打开串口调试软件；<br>2. 将基站与移动站测距数据解析；<br>3. 将基站数据定位(0,0),计算移动站的定位数据,并检验数据精度。 | | |

## 7-3-3 任务考核评价表

| 序号 | 评价指标 | 评价依据 | 评分标准 | 评价 |
| --- | --- | --- | --- | --- |
| 1 | 工作态度 | 1. 关键设备的选型数量 10 个<br>2. 串口数据格式试验数量 5 个<br>3. 创新创意小卡片 1 张 | 见附录 | |
| 2 | 工作质量 | 1. 设备选型参数合格率<br>2. 定位参数结果正确率 | 见附录 | |
| 3 | 过程评价 | 1. 过程记录完备<br>2. 过程记录具有思考性 | 见附录 | |
| 4 | 工作效率 | 实践时间记录排名 | 见附录 | |
| 5 | 交流交互 | 过程记录具有交流交互 | 见附录 | |
| 6 | 创新思维 | 创新创意的实用性与实践性 | 见附录 | |
| 7 | 安全意识 | 实践过程中的人身安全与设备安全防护 | 见附录 | |
| 总分 | | | | |

## 7-3-4 知识链接

### 无人机飞行姿态

多轴形式的无人机一般通过控制各轴桨叶的转速来控制无人机的姿态，以实现转弯、爬升、俯冲、横滚等动作。多轴飞行器的飞行、悬停、姿态变化等数据由多种传感器获取并传回飞控系统，再由飞控系统通过运算和判断下达指令，由执行机构完成动作和飞行姿态调整。

悬停是飞行控制系统的重要动作，在悬停状态下，无人机四个旋翼具有相等的转速，产生的上升合力正好与自身重力相等，并且因为旋翼转速大小相等，前后端转速和左右端转速方向相反，从而使得飞行器总扭矩为零，飞行器静止在空中，实现悬停状态。

垂直运动是飞行控制系统的普通动作，在保证四旋翼无人机每个旋转速度大小相等的情况下，同时对每个旋翼增加或减小大小相等的转速，便可实现飞行器的垂直运动。当同时增加四个旋翼转速时，旋翼产生的总升力大小超过四旋翼无人机的重力，四旋翼无人机便会垂直上升。反之，则垂直下降。

翻滚运动是在保持四旋翼无人机前后端旋翼转速不变的情况下，改变左右端的旋翼转速，使得左右旋翼之间形成一定的升力差，沿飞行器机体左右对称轴上产生一定的力矩，从而在方向上产生角加速度实现控制的。

俯仰运动是在保持机身左右端旋翼转速不变的前提下，通过改变前后端旋翼转速形成前后旋翼升力差，从而在机身前后端对称轴上形成一定力矩，引起角方向上的角加速度实现控制的。

偏航运动是通过同时两两控制四个旋翼转速实现的。

# 项目 8
# 农业信息服务

## 8-1　手机拍摄特色农产品推介 Vlog 短视频任务概要

| | | |
|---|---|---|
| 知识、技能、素养目标 | 知识目标 | 1. 了解短视频的概念和分类。<br>2. 了解不同的短视频平台。<br>3. 了解短视频策划、制作、运营和变现。 |
| | 技能目标 | 1. 掌握常用的短视频拍摄工具使用方法。<br>2. 具备现有工具应用和新工具挖掘的能力。<br>3. 能够有效地开展短视频策划、制作和运营的能力。 |
| | 素养目标 | 1. 培养团队协作精神。<br>2. 培养爱农、知农、兴农情怀。<br>3. 有意识地关注短视频工具版本更新与操作优化。<br>4. 培养迭代意识、创新思考和实践精神。 |
| 情境描述 | | 随着我国经济发展和人民生活水平提高，乡村休闲旅游得到快速发展，已经成为乡村振兴中的重要引擎，利用 Vlog（微视频、短视频）来推广乡村旅游、农副产品品牌，成为了不二之选。<br>小刘大学学的专业是现代农业技术，因此毕业后回到家乡创业。他通过调查，发现家乡的蜂蜜品质很好，但因为交通不便和宣传不够，外界知晓不多。另外，当地几个传统节日的仪式很有地方特色。刚好村委今年制定的工作目标是大力促进乡村特色旅游项目，招商引资，增加村民收入，于是他决定利用自己擅长短视频拍摄的技能优势，以家乡特色农产品和旅游资源为素材，拍摄制作 Vlog 短视频进行推介。 |
| 学习内容 | | 选择合适的手机短视频拍摄设备，了解常用手机的短视频拍摄功能。进行短视频脚本设计，编写分镜头脚本。运用手机的录像功能拍摄、编辑和合成 Vlog 短视频，运用手机的微电影制作功能完成一个微电影制作。 |

续表

| | |
|---|---|
| 任务流程 | 步骤1:阅读案例材料。<br>步骤2:Vlog短视频拍摄。<br>步骤3:阅读知识链接。<br>步骤4:小组讨论。<br>步骤5:拓展应用。 |
| 学习产出 | 1. 小组讨论发言；2. 应用实践。 |
| 评价反馈 | 结合课堂讲解和网络平台资源完成任务,评价指标详见教材活页8-1-3,任务要点:<br>1. 了解Vlog短视频的拍摄技术和拍摄流程。<br>2. 策划Vlog短视频项目,完成分镜头脚本撰写。<br>3. 完成Vlog短视频项目的拍摄和合成。<br>4. 提出合理化建议和意见。 |
| 附件 | 1. 任务过程记录。<br>2. 任务考核评价表。<br>3.. 知识链接——农业信息服务创新。 |

## 8-1-1 Vlog短视频拍摄实践任务记录表

| 序号 | 任务内容 | 要点记录 | 完成时间 | 备注 |
|---|---|---|---|---|
| 1 | 教材内容阅读 | | | |
| 2 | 视频及其他材料 | | | |
| 3 | Vlog短视频策划、制作实践 | | | |
| 4 | 运营实践 | | | |

## 8-1-2 任务考核评价表

| 序号 | 评价指标 | 评价依据 | 评分标准 | 评价 |
|---|---|---|---|---|
| 1 | 工作态度 | 1. 教材内容阅读<br>2. 任务记录 | 见附录 | |
| 2 | 工作质量 | 1. 任务记录<br>2. 课堂互动<br>3. 软件实践<br>4. 实践运用 | 见附录 | |
| 3 | 过程评价 | 1. 过程记录完备<br>2. 过程记录具有思考性 | 见附录 | |
| 4 | 工作效率 | 任务完成时间记录排名 | 见附录 | |
| 5 | 交流交互 | 课堂环节和小组讨论具有交流交互 | 见附录 | |
| 6 | 创新思维 | 创新创意的实用性与实践性 | 见附录 | |
| 7 | 安全意识 | 实践过程中的人身安全与硬软件设施安全防护 | 见附录 | |
| 总分 | | | | |

## 8-1-3 知识链接

### 农业信息服务创新

**1. 农业信息服务创新的内涵**

传统上人们认为“服务”是一种非生产性劳动，因为不可能储存它们，“像美丽一样，服务活动的定义通常在旁观者的眼中”。产品可以储存起来，以后再消费，服务则不能。也有学者将服务定义为“为了另一个实体或实体本身的利益，通过行为、过程和表现来应用专门的能力(知识和技能)”。生产和消费是服务的主要特征之一。

上述服务定义的变化表明服务的重要性逐年增加。由于从卖方市场向买方市场的转变，农产品转移变得越来越重要。农业生产应越来越注重提供解决方案，而不是仅销售农产品本身。这些解决方案结合了集成的产品和服务。开发高质量的产品不再是当务之急，相反，能对客户未满足的需求做出解决方案才是赢家。

2004年，Vargo和Lusch提出了服务主导逻辑(S-D-L)，这是一个解释通过服务交换创造价值(价值共同创造)的元理论框架。这种观点与当时的假设相反，即价值只能由商品生产创造。S-D-L对商业模式产生了影响，推动了服务创新独立于传统的产品创新，即服务创新也能创造价值。

2010年，Bettencourt将服务创新定义为:“设计一个新的或改进的服务概念，以满足客户未满足的需求的过程”。指出数字化使服务可以像商品一样存储和转移。由于这些新的品质，服务业是市场中增长最快的行业之一。客户关系以及整个价值链都在变化，因为生命周期产生的价值对农业企业来说比销售产生的价值更重要。

除了客户关系和价值链，服务提供者的构成也在发生变化。低技能任务部门的市场数量保持不变，而中等技能任务部门的市场数量在减少，而高技能任务部门的市场数量在扩大。高技能任务部门的市场与数字互联或物联网的趋势有关。Den Hertog将服务创新分为六个维度，见表8-1-1，这些维度可以组合出现，也可以单独出现。

**表 8-1-1 描述服务创新的六个维度**

| 维度 | 内容 |
|---|---|
| 服务理念/产品 | • 解决客户问题的方法<br>• 满足客户需求<br>• 配置现有的服务元素 |
| 客户交互 | • 服务提供者与客户的互动<br>• 客户在价值创造中的角色<br>• 客户参与服务创新 |
| 价值体系 | • 让业务合作伙伴参与服务的合作生产<br>• 创造新的价值体系 |
| 收入模式 | • 协调成本和收入<br>• 实现收益模型(特别是由多个参与者) |

续表 8-1-1

| 维度 | 内容 |
| --- | --- |
| 交付体系:人员、组织、文化要素 | • 组织结构的设计<br>• 个人能力或团队技能的设计<br>• 管理与组织的协调 |
| 输送系统:技术要素 | • 实施技术以改善服务(生产或使用)<br>• 实现新的接口或交付方式 |

如果将所有维度结合起来,其过程类似于商业模式创新,有 6 种动态服务能力能够支持这一过程:明确用户需求和技术选项、概念化、捆绑和拆分能力、联合制作和协调、扩展和扩展、学习和适应。

**2. 数字化服务创新**

数字技术通过非数字人工制品的数字化赋予新服务,对服务创新产生了深远的影响。

数字技术与实体产品的集成使数字服务的提供成为可能,新的数字服务是基于数字和物理组件的新组合,这一过程被定义为数字创新,从服务的角度,则被称为数字服务创新。原本非数字的人工制品的数字化是一个重要的刺激因素,例如农用拖拉机成为了嵌入式系统的智能产品。数字化可分为三次演进浪潮:

在第一次浪潮中,模拟服务和内容的数字化在商业领域没有发生任何根本性的变化。数字服务提供与非数字服务相同的内容,但成本降低,只有一些小的变化。

在第二次浪潮中,原本紧密相连的数字设备、网络、服务和内容的分离,消除了传统行业的边界。数字服务供应商现在面临着更多的竞争对手,但可以更容易地向其他市场提供产品。

第三次浪潮的定义是,能够跨越不同的架构边界,将不同的产品属性结合起来,为产品、服务或技术创造无限的创新可能性。数字产品的功能越来越多样化,为新的商业机会或模式开辟了道路。

数字产品和服务结合了数字技术的模块化和分层模块化架构。该体系结构有四层:设备层、网络层、服务层或应用层和内容层。其中设备层是底层,由硬件和操作系统组成;网络层管理连接性(无线的和有线的);而服务层(也称为应用层)是用户界面,用户可以通过服务层存储、操作和创建内容;顶层称为内容层,包括文本、声音、图像等内容。

非数字化人工产品的数字化使紧密耦合的分层结构变得松散,使其适用于拖拉机等早期的非数字化产品,并获得了新的物质性属性,见表 8-1-2。

**表 8-1-2 数字化人工产品的 7 种新属性**

| 名称 | 描述 |
| --- | --- |
| 可编程性 | 即数字化人工产品修改其行为的能力,通过可编程数字架构的集成得到数字化人工产品,从而使对象具有可延展性。 |
| 可寻址性 | 数字化人工产品在普通环境下被明确识别的能力。 |
| 感性 | 数字化人工产品感知环境变化并使其具有语境意识的能力。 |

续表 8-1-2

| 名称 | 描述 |
| --- | --- |
| 通信能力 | 数字化人工产品使用任何数字通信的能力。 |
| 可记忆性 | 数字化人工产品记录和存储信息的能力。 |
| 可追溯性 | 数字化人工产品按时间顺序识别、记忆和关联所获得的信息的能力。 |
| 关联性 | 数字化人工产品与其他实体相关和识别的能力,并允许得出关于未来状态和条件的结论。 |

这些特性允许非数字化人工产品之间实现数字互联。数字服务创新可以看作产品数字化的结果。这允许使用数字创新的六个维度来分析数字服务创新,见表 8-1-3。

**表 8-1-3 适应数字创新特征的六个维度**

| 维度 | 描述 |
| --- | --- |
| 融合 | 数字数据的同质化使得设备、网络、服务和内容等异构的人工制品能够组合和再组合。因此,它允许构建以前无法预见的组合。通过融合,产品成为新的数字服务的数字平台,例如汽车的数字化,能够收集司机行为数据。<br>通过数字融合将以前不相连的社区及其技术连接起来,这个网络中的知识流动将为数字服务创新开辟新的空间。 |
| 数字化的重要性 | 将数字材料集成到产品中创造了新的建筑控制点。这些接口允许控制新创新的信息流。数字组件之间的松散关系与集成相结合,使得对信息的控制变得复杂;另一方面也使得新的创新成为可能。 |
| 繁殖 | 通过创新数字创新的能力,通过创造新的产品、服务和内容,而不考虑技术的原始目的或原始创造者。创造力有三个维度(来源)——技术维度、组织维度和业务维度。技术维度基于模块化体系结构的敏捷性和分层体系结构之间的松散耦合;组织维度是基于个人或组织的创新能力;业务维度是基于商业模型或价值模型的能力。 |
| 异质性 | 数据和资源以不可预测的方式组合会导致异构性。异构的级别可以通过架构控制点来控制。如果架构的关键元素由一家公司控制,创新网络的异质性就会降低。异质性和生成性的结合支持了创新的无限制扩展。 |
| 创新的轨迹 | 降低的通信成本使分布式的和以前没有连接的行动者能够参与进来。分层的架构使不同层次的自主创新轨迹成为可能。创新活动向创新网络的边缘增加,鼓励了众包和开放创新等创新形式。 |
| 步伐 | 由于可编程性和收敛性,创新周期增加了它们的频率。数字架构还可以通过重组增加创新,而通用的数字基础设施能够更快地分配创新活动。 |

这些维度是第三次数字化浪潮中数字创新的特征。

生产性被视为数字服务创新的主要驱动力,并影响各自部门的价值创造。例如,将数字传感器嵌入到工件中与生成性有关。收集到的数据可以用来设计新的服务,这在实现传感器时并不是有意的。因此,通过在机器中配置传感器来提供预测性维护就是一个例子,这些传感器可以测量健康状态。如上所述,数字服务往往是产品数字化的结果。

信息、通信技术和数字产品的介入,使数字服务具备了产品特性,如可存储性和生产与消费的分离,从而使服务的生产自动化。这种自动化支持减少或消除服务提供商的直接参与。以智能化农机业务为例,传感器测量农机的健康状态,并将该数据传输到服务器。算法分析自动收集的数据,并通过移动应用程序向所有者提供结果。这一过程不需要服务提供商的直接参与。如果需要,服务提供商可以直接在数字化的人工产品上访问程序,并通过使用设备的实时数据提供个性化服务。在服务中使用信息和通信技术是服务创新的关键活动之一。此外,它允许发展新的服务概念和重新设计现有的服务。

# 8-2　农产品网络直播带货任务概要

| | | |
|---|---|---|
| 知识、技能、素养目标 | 知识目标 | 1. 了解网络直播的基本知识。<br>2. 了解网络直播的基本流程。<br>3. 了解网络直播的相关规范。 |
| | 技能目标 | 1. 掌握网络直播准备工作。<br>2. 掌握互动营销的技巧。 |
| | 素养目标 | 1. 培养团队协作精神。<br>2. 培养爱农、知农、兴农情怀。<br>3. 培养直播工作的职业规范、理念和职业技能。<br>4. 培养迭代意识、创新思考和实践精神。 |
| 情境描述 | | 蜂蜜是蜜蜂从开花植物的花中采得花蜜在蜂巢中酿制而成的。蜂蜜成分除了葡萄糖、果糖外,还有丰富的维生素、矿物质和氨基酸。蜂蜜味道甜蜜,所含单糖容易被人体吸收,对妇、幼和老人具有良好的保健作用。<br>大学毕业回到家乡创业的小刘,发现家乡的蜂蜜品质特别好,于是想借助目前正火热的直播把蜂蜜及制品销往全国,为此他首先需要制定一份农产品直播营销方案。 |
| 学习内容 | | 结合农产品类行业特点及自身运营需求,确定直播营销目标。搭建营销直播间,制定农产品直播营销方案,选择直播平台,制订并执行直播计划,最后对直播数据进行复盘分析,优化直播方案。 |
| 任务流程 | | 步骤1:阅读案例材料。<br>步骤2:网络直播带货。<br>步骤3:阅读知识链接。<br>步骤4:小组讨论。<br>步骤5:拓展应用。 |
| 学习产出 | | 1. 小组讨论发言。<br>2. 应用实践。 |
| 评价反馈 | | 结合课堂讲解和网络平台资源完成任务,评价指标详见教材活页8-2-3,任务要点:<br>1. 完成网络直播策划和脚本编写。<br>2. 能够在任务实施过程中指出任务存在的问题。<br>3. 对提出的问题能够结合理论和实践进行分析。<br>4. 提出合理化建议和意见。 |
| 附件 | | 1. 任务过程记录。<br>2. 任务考核评价表。<br>3. 知识链接——农业电子商务的构建模式,农产品质量安全追溯。 |

## 8-2-1　农产品网络直播带货实践任务记录表

| 序号 | 任务内容 | 要点记录 | 完成时间 | 备注 |
|---|---|---|---|---|
| 1 | 教材内容阅读 | | | |
| 2 | 视频及其他材料 | | | |
| 3 | 网络直播营销策划和实践 | | | |
| 4 | 运营实践 | | | |

## 8-2-2 任务考核评价表

| 序号 | 评价指标 | 评价依据 | 评分标准 | 评价 |
|---|---|---|---|---|
| 1 | 工作态度 | 1. 教材内容阅读<br>2. 任务记录 | 见附录 | |
| 2 | 工作质量 | 1. 任务记录<br>2. 课堂互动<br>3. 软件实践<br>4. 实践运用 | 见附录 | |
| 3 | 过程评价 | 1. 过程记录完备<br>2. 过程记录具有思考性 | 见附录 | |
| 4 | 工作效率 | 任务完成时间记录排名 | 见附录 | |
| 5 | 交流交互 | 课堂环节和小组讨论具有交流交互 | 见附录 | |
| 6 | 创新思维 | 创新创意的实用性与实践性 | 见附录 | |
| 7 | 安全意识 | 实践过程中的人身安全与硬软件设施安全防护 | 见附录 | |
| 总分 | | | | |

## 8-2-3 知识链接

农业电子商务的构建模式

**1. 信息联盟服务商务模式**

农业信息具有季节性、地域性和综合性的特点。季节性指的是农业生产具有较强的季节性,信息服务必须有时间观念;地域性指的是我国各地气候、土壤等自然条件差异大,农作物种植方式、品种分布均呈现地域性分布,信息服务要具有地域性;综合性指农业信息涉及许多方面、许多领域,包括政务信息(政策法规、政务通告等)、商务信息(价格信息、市场行情等)、文化生活信息、劳务信息、种子信息、化肥信息、农药信息、农机信息等,信息服务要具有全面性。依托现代信息技术的强大优势,在政府有关部门和单位支持下,科学分类、制定标准,建立农业网站信息服务联盟,构建农业领域综合信息平台,联合国内各区域、各部门的涉农网站,实现资源共享、信息互通、共同盈利。

**2. 农民信息服务商务模式**

短信商务模式(如中国移动农信通):伴随着现代网络信息技术的发展而出现,主客体包括信息内容提供商(CP)、网络服务提供商(ISP)和手机客户(农民或广大涉农生产经营者)。这种模式的优点在于:能充分利用现代网络信息技术和无线通信技术,可服务内容丰富,直接面向农民,减少了中间环节,效率较高,投入较小,产出效益较大。缺点是:没有得到很好推广,了解的人不多,由于收费问题农民接受还需要一个过程;再者操作的难易度、信息的分类标准也是制约它发展的因素。从我国短信发展历史来看,这种服务模式蕴藏巨大商机,目前主要应在信息分类、信息标准等方面下功夫,让农民自主点发,完善个性服务。

农村经纪人商务模式:我国农村经纪人在农业经济活动中非常活跃,在传播信息、促进农产品流通方面起到不可估量的作用。农村经纪人一般具有接受新事物快、交流广泛、熟悉市场、了解政策、具有一定的经济能力等特点,他们对信息的需求比普通农民要强烈执着,也有能力为获取有价值的信息支付一定的费用。

会员商务模式:主要是农业网站面向广大的农村市场,建立网站会员制度吸引农村经济组织、经纪人和农民的积极参与,主动和涉农相关部门合作,通过各种渠道获取农业信息内容,并验证这些信息的真伪性,对客户负责。急需这些信息的客户们只需很少的花费就能获得全部信息内容,从而获利,实现双赢。会员在得到信息的同时,也为网站带来源源不断的信息流和创造无限商机。这种模式的优点在于不需要多大的投入,而且能发动与农业有关的组织等力量参与,随着业务的开展,效益也会越来越大,越来越明显,可行性也越来越强。

**3. 企业信息服务商务模式**

按各类行业分类发布最新动态信息,会员还可以分类订阅最新信息,直接通过电子邮件接受商品价格行情,提供企业最新产品报价和市场价格动态信息。还可以提供航运、外币转换、信用调查、保险、税务、贸易代理等咨询和服务,这些项目为用户提供了充满现代商业气息、丰富实用的信息,构成农业网站商务的主体。通过农业网站为供需双方之间建立信息的桥梁,让农产品能够迅速找到买家,让农产品加工和贸易企业迅速找到所需的农产品,赢得企业、农民对农业网站市场信息的依赖,在此基础上,进一步发展网上贸易。

4. **综合服务商务模式**

上述前3种模式主要是提供服务,不涉及物流。而综合服务模式是以信息流为先导,结合物流的一种商务模式。任何一种商务模式,要么提供服务,要么提供产品,或者两者兼之。综合服务模式的核心内容是信息流和物流相结合,利用企业传统的物流系统,加上农业网站先进的信息流系统,组成商业联盟,来共同应对市场。

## 农产品质量安全追溯

1. **农产品质量安全追溯的概念**

“互联网+农业”主要涉及农业物联网、涉农信息服务、农村电子商务等方面。传统农业产业链可以划分为生产、流通、消费三个环节。农业生产环节,指从土地、农用物资的准备到农产品收获的过程。流通环节,主要为农产品从田间到销售地市场的过程,在“互联网+农业”下增加了销售地到消费者的运输过程。消费环节,即消费者购买农产品的过程。三个环节通过农产品彼此联系。生产环节,作为整个农业产业链的根本,是流通环节和消费环节的基础。在“互联网+农业”下农业产业链由于农业物联网、电子商务和涉农信息服务等的介入,各个环节结构之间联系更为复杂化、多样化。

电子商务的快速发展为农产品流通提供了新的平台和基础。从未来发展趋势看,包括采购、仓储、包装、物流、运输、配送、售后等服务在内的农产品供应链将得到进一步整合,这既能有效缓解农产品进城“最初一公里”难题,为分散小农户走进大市场拓宽渠道,打通了“从农田到餐桌”的农产品供给链,如图8-1-1所示。在此过程中,农产品质量安全也是公众关注的问题,据统计,全世界共有200多种疾病通过食品传播,每年有数百万人因食用不安全食品而患病,甚至丧失生命。“农产品质量安全”包括“品质”和“安全”两大属性,农产品的“品质”属性决定其使用价值,是本质属性,而“安全”属性则关乎人的健康需求,属于社会价值范畴。综合来看,农产品质量安全责任,是与农产品生产过程密切相关的主体,对所生产农产品出现的质量安全问题承担的义务。

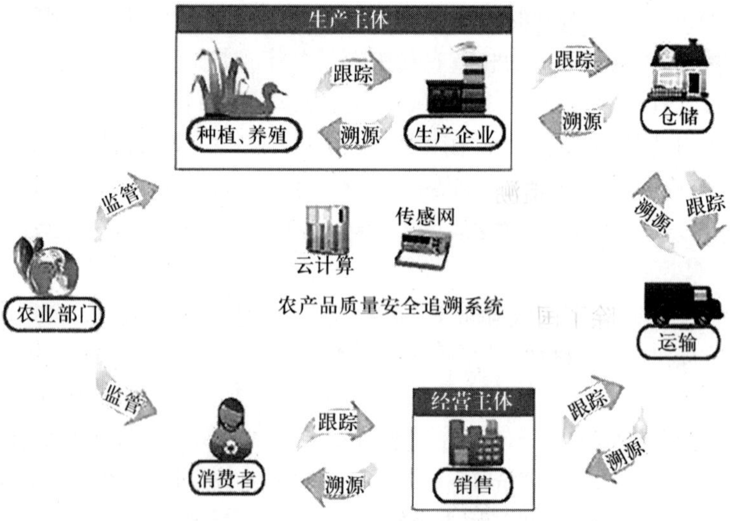


**图 8-1-1 农产品质量安全追溯体系**

"可追溯"是还原产品生产全过程和应用历史轨迹、发生场所、销售渠道的能力,目前产品可追溯是通过登记的识别码进行的。我国农产品质量安全可追溯管理系统是对农产品从种植到消费全过程监管,形成产供销一体化的信息系统。追溯过程分为两种:一是顺向跟踪,即按照农产品生命周期从上游环节跟踪到下游环节;二是逆向溯源,即从产业链的下游环节溯源到上游环节。利用现代信息技术手段,针对农产品生产产业链前端、中端、产品端及后续服务,建立起追溯体系,保障农产品源头的质量安全,从而为农业电子商务的供应链增加反向溯源链,建立起消费者与生产者之间的联系环节,完成整个供应链的闭环。

**2. 农产品质量安全追溯的实现途径**

实现农产品质量安全可追溯性有两条途径:一是按食品链从前往后进行追踪(Tracking),即从农场(生产基地)、批发商、运输商(加工商)到销售商。这种方法主要用于查找质量安全问题的原因,确定产品的原产地和特征;另一种是按食品链从后往前进行追溯(Tracing),也就是消费者在销售点购买的农产品发现了质量安全问题,可以向前层层进行追溯,最终确定问题所在。这种方法主要用于问题农产品召回和责任的追溯。

(1)在技术层面,在"互联网+"农业快速发展的背景下,我国的农产品质量追溯技术愈发成熟。农产品产地监管基本形成由"空"中卫星遥感、"天"上无人机航拍和"地"面传感器监测组成的"空天地"一体化体系。农产品检验检测技术趋向小型化和智能化,如各种微电子机械系统、纳米技术、传感器技术、现场快速检测技术、数据远程传输与处理技术等。风险评估技术趋向系统化和精细化,如组学技术、计算分子生物学、数据挖掘技术、机器学习技术。过程控制技术走向精准化和定向化,实现了农产品质量安全关键危害因子的污染途径与过程精准控制。溯源鉴别技术实现集成化和物联化,物联网技术广泛应用于农业生产经营,二维码作为农产品的"身份证"投入农产品溯源、数据共享平台数据库、云计算系统等形成数字防伪体系。另外,区块链技术以其分布式、可追溯、不可篡改、非对称加密、自维护的特性,逐步应用于农产品溯源系统,助力构建更具信任度和安全保障性的现代农业生产体系。

(2)在主客体层面,一些企业开始认识到追溯体系的作用,着手建立企业内部的追溯体系。追溯信息不仅用于质量安全管理,而且用于产销管理、渠道推广和品牌经营。由此可知,基地直供、基地加工、基地营销式企业追溯体系覆盖的农产品在逐步增加;物流仓储业的信息化管理,包括GIS/GPS定位、快递件跟踪等,也加大了农产品在流通环节可追溯信息的覆盖;商场扫码、尤其是电商交易记录了农产品销售信息和产品去向。

(3)在标准制订层面,除了原有"三品一标"的标准管理外,国家还制订了《农产品质量安全追溯操作规程通则》《食品可追溯性通用规范》和《食品追溯信息编码与标识规范》等标准,以及制订了畜肉、水果、茶叶、谷物等大类产品的操作规程等多项行业标准,为规范追溯体系建设创造基础性的条件。

(4)在监管服务层面,除了国家和地方政府为质量管理和消费者维权建立群众举报、投诉渠道外,政府主管部门还专门搭建并向用户开放了12312产品追溯管理服务平台,成立了国家OID注册中心和OID公共服务平台,以及i-OID农业追溯公共服务平台等。政府成立了"绿办",加快了农产品监管体系建设,要求在市县两级基本做到监管机构全覆盖,有的地方,比如江苏,还计划建立省、市、县、乡四级农产品质量安全追溯联网监管体系。

(5)在法规政策层面,我国2006年就颁布了《农产品质量安全法》,2021年修改的《食品安全法》刚刚正式施行,政府还出台了与农产品生产经营有关的一些法规;国家建立和推行农业企业生产经营档案台账制、食品召回制、产地准出和销地准入等制度；在农业生产中，实行化肥、农药零增长、减量化；鼓励开展农产品质量安全的社会化追溯、社会化质检。

农产品质量安全追溯是信息化与产业发展深度融合的创新举措，已成为智慧监管的重要建设内容和引领方向。近几年的中央一号文件连续对追溯体系建设作出重要部署，农产品质量安全追溯体系建设迈出新步伐。全国农业工作会议提出，要加快国家追溯平台推广应用，将农产品质量安全追溯与农业项目安排、品牌认定等挂钩，率先将绿色食品、有机农产品、地理标志农产品纳入追溯管理。加快推进农产品质量安全追溯体系建设，是贯彻落实党中央、国务院决策部署的实际行动，是创新提升农产品质量安全监管能力的有效途径，是推进质量兴农、绿色兴农、品牌强农的重大举措，对增强农产品质量安全保障能力、提升农业产业整体素质和提振消费信心具有重大意义。

# 8-3　农技耘 App 使用任务概要

| | | |
|---|---|---|
| 知识、技能、素养目标 | 知识目标 | 1. 了解农村科技服务的基本知识。<br>2. 了解农技耘 App 的主要功能。 |
| | 技能目标 | 1. 掌握农技耘 App 的主要操作。<br>2. 掌握利用农技耘 App 开展农技咨询的方法。 |
| | 素养目标 | 1. 培养团队协作精神。<br>2. 培养爱农、知农、兴农情怀。<br>3. 培养农村基层工作的职业规范、理念和职业技能。<br>4. 培养创新思考和实践精神。 |
| 情境描述 | | 农技耘 App 是江苏农业科技服务云平台手机客户端,由江苏省农委主管,省农委科教处主办,省级农业科研、教学、推广单位协办,整合全省农业科技推广基础资源,建设集“农技推广专业知识库、专家问诊、视频诊断、信息采集发布”为一体的江苏农业科技服务大数据平台,为广大农户提供“全天候、顾问式”的线上技术服务。<br>小刘大学毕业回到家乡创业,承包了高标准农田种植优质水稻,由于经验不足,种植过程中希望及时得到专家的指导,于是他联系了当地的农业技术员小吴,小吴推荐其使用农技耘 App,在线远程寻求农业专家指导。 |
| 学习内容 | | 下载和安装农技耘 App,熟悉软件的功能,利用软件查询农业生产知识,向农业专家咨询农业生产问题。 |
| 任务流程 | | 步骤 1:阅读案例材料。<br>步骤 2:农技耘 App 操作实践。<br>步骤 3:阅读知识链接。<br>步骤 4:小组讨论。<br>步骤 5:拓展应用。 |
| 学习产出 | | 1. 小组讨论发言。<br>2. 应用实践。 |
| 评价反馈 | | 结合课堂讲解和网络平台资源完成任务,评价指标详见教材活页 8-3-3,任务要点:<br>1. 完成 App 安装和使用。<br>2. 能够在任务实施过程中指出任务存在的问题。<br>3. 对提出的问题能够结合理论和实践进行分析。<br>4. 提出合理化建议和意见。 |
| 附件 | | 1. 任务过程记录。<br>2. 任务考核评价表。<br>3. 知识链接——农业教育与咨询服务。 |

## 8-3-1　农技耘 App 使用实践任务记录表

| 序号 | 任务内容 | 要点记录 | 完成时间 | 备注 |
| --- | --- | --- | --- | --- |
| 1 | 教材内容阅读 | | | |
| 2 | 视频及其他材料 | | | |
| 3 | 农技耘 App 操作使用实践 | | | |
| 4 | 运营实践 | | | |

## 8-3-2 任务考核评价表

| 序号 | 评价指标 | 评价依据 | 评分标准 | 评价 |
|---|---|---|---|---|
| 1 | 工作态度 | 1. 教材内容阅读<br>2. 任务记录 | 见附录 | |
| 2 | 工作质量 | 1. 任务记录<br>2. 课堂互动<br>3. 软件实践<br>4. 实践运用 | 见附录 | |
| 3 | 过程评价 | 1. 过程记录完备<br>2. 过程记录具有思考性 | 见附录 | |
| 4 | 工作效率 | 任务完成时间记录排名 | 见附录 | |
| 5 | 交流交互 | 课堂环节和小组讨论具有交流交互 | 见附录 | |
| 6 | 创新思维 | 创新创意的实用性与实践性 | 见附录 | |
| 总分 | | | | |

## 8-3-3 知识链接

### 农业教育与咨询服务

**1. 农业智能教学系统**

这是一种开放式人机交互教学系统，涉及人工智能、计算机科学、认知科学、教育学、心理学和行为科学等多个综合性学科，模拟人教学。其研究的最终目标是由计算机承担起人类教育的主要责任，一定程度上代替教师，实现最佳的教学模式与效果。智能教学系统一般由四大部分组成：知识库（有关领域的知识描述）、学生模型（学生的知识水平和学习能力）、教师模型（知识的传授方法）和人机交互界面。知识库是人工智能与数据库结合的产物，集知识表达、逻辑推理和数据检索于一体，主要解决教什么的问题，以及作为专家能够基于这些知识解决有关问题。学生模型通过对学生的了解，在学生行为与专家行为之间进行对比，对学生的知识状态、认知特点和个性特点等进行智能模拟。教师模型的主要功能是组织教学内容，解决如何教的问题，及控制学习过程，掌握学习者的学习水平，实时反馈以及决定下一步应采取的教学方法和策略。人机交互界面部分是在智能教学系统和学生之间建立友好的通信交流方式，有时也被看作教学方法的补充而作为教师模型的一部分。

传统的智能教学系统多数是单机运行的，系统费用昂贵，维护代价高。基于 Web 的智能教学系统（Web-Based Intelligence Tutoring System）综合了传统的系统的优势，同时又结合了 Web 的特点，客户端结构简单，适用范围广，其发展越来越受到重视。随着网格（Gnid）这种新型网络计算平台的出现，目前研究人员已经将其应用于智能教学中。

**2. 远程教育**

远程教育是适应社会发展对教育的要求而产生的，国际著名的远程教育专家 Desmond Keegan 认为，远程教育是“教育与学生处于准永久性分离状态”。远程教育形式的多样化，其内涵和外延都显得非常复杂。远程教育是相对于学校教育的一种教育形式，是为那些在地理上与教师相互分离的学习者提供教育。

现代农业远程教育在我国农业教育中具有得天独厚的优势，为了解决农村尤其是偏远地区办学条件限制和广大农民对科学文化知识的需求，1980 年，中央农业广播电视学校成立，标志着中国开始了农业远程教育事业。最初，农业远程教育的形式主要是广播、电视以及录像带在各教学基层单位的传送播放，处于第二代远程教育的阶段。1995 年，由农业部与中央电视台合办，中国农业电影电视中心负责节目制作的中央电视台第七套农业节目开播，农业节目每天播出 6 小时；教育部主管的中央电大燎原广播电视学校通过中国教育电视台向全国观众播出农业教育节目。2019 年，中央电视台农业农村频道（CCTV-17）开播，是我国首个面向“三农”的国家级全媒体频道。

2000 年 4 月，中央农业广播电视学校正式开通了“中国农村远程教育网”，基于计算机网络技术的农业现代远程教育得到了应用。到 2004 年全国已有 68 所高等学校被批准开展网络远程教育，面向广大农村基层招生，积极培养农村急需的各类专业技术人才。目前农业院校中有资格开展网络教育的院校有中国农业大学、东北农业大学和四川农业大学，它们充分利用农业高校的专业优势，利用多媒体技术、互联网技术、信息技术和数字化的农业教育电视节目、IP 和 VBI 数据广播面向全国开展农业远程教育。网络教育开设了计算机科学与技术、农学、农业电气化、环境科学、资源环境与城乡管理、农业高新技术与管理、牧业高新技术与管理、农村管理与发展、农林经济管理、园林、动物医学、动物科学等专业。为更好地开展农业科技远程网络教育，2003 年 11 月，中国农业大学、南京农业大学、华中农业大学、浙江大学、西北农林科技大学北京林业大学、东北林业大学、江南大学 8 所高校组建“高校农业科技与教育网络联盟”，利用网络教学平台开展农业科技远程教育与培训，实现高等教育资源的共建共享。

**3. 农业咨询服务**

随着我国市场经济体制的逐步发展，农业咨询服务作为咨询业的一个重要组成部分在农业和农村经济中发挥了重要的作用。1995 年，我国政府制定了《关于推动我国科技咨询业发展的若干意见》，至此，咨询业才作为独立的行业进入新的发展时期，农业咨询也因此获得蓬勃发展，呈现出服务主体多元化、服务对象扩大化、服务方式多样化、服务内容全面化的趋势。农业咨询服务的服务领域主要是农业科技和农村市场。

⑴ 专家咨询。专家咨询是为了达到获得某项知识、技术方法或信息资源等目的与有关专家进行信息交流的一种手段。其中，专家咨询活动的主体是被征询的专家顾问，除了充分开发利用专家头脑中丰富的信息、知识和经验外，还必须借助于各种检索查询手段，使用户得到需要的相关信息。专家咨询服务的建立和完善，有利于充分发挥专家学者的智慧，使他们真正成为信息服务的“智能库”，有效地促进信息和技术的广泛传播和利用。

农业专家咨询的主要作用是：为各级农业管理部门提供辅助决策依据；为农业生产者提供各类农业技术咨询服务；为各类农业技术人员提供技术推广和培训服务。

⑵ 在线服务。在线服务是农业信息咨询的另一个主要途径，它借助于电子网络环境使农业信息资源大大突破时空的限制，以更丰富的容量、更便捷的方式、更快的速度展现在用户的面前。在线服务利用多媒体检索技术、网络数据库、数据仓库、数据挖掘、推送技术等网络环境下的新型信息资源开发或服务工具，进一步缩短了信息资源与用户之间的距离，极大地方便了用户使用信息资源，同时也把信息资源的开发与服务推向一个新的高度。

# 8-4 “腾讯为村”电子政务平台使用任务概要

| | | |
|---|---|---|
| 知识、技能、素养目标 | 知识目标 | 1. 了解农村电子政务的基本知识。<br>2. 了解“腾讯为村”平台的主要功能。 |
| | 技能目标 | 1. 掌握“腾讯为村”平台党务、村务和事务的主要操作。<br>2. 掌握“腾讯为村”平台信息发布功能的使用。 |
| | 素养目标 | 1. 培养团队协作精神。<br>2. 培养爱农、知农、兴农情怀。<br>3. 培养农村基层工作的职业规范、理念和职业技能。<br>4. 培养创新思考和实践精神。 |
| 情境描述 | | “腾讯为村”是一个移动互联网发现乡村价值的开放平台,它以“互联网+乡村”为模式,为乡村连接信息、连接财富、连接情感,助力每个村庄打造云端上的党群服务中心、村民手机里的精神家园和属于咱村自己的互联网名片。<br>小刘考上大学后,就离开了自己的村庄,毕业后留在外地工作,虽然人在外地,但家乡的父母亲人、家乡的点点滴滴仍时刻牵动着小刘的心。一年前,得知老家村庄已入驻了“腾讯为村”平台,小刘怀着激动的心情,通过实名认证加入了本村的为村平台,今后即使不在家乡,小刘也可以参与村庄内或跨村庄的社交活动了。 |
| 学习内容 | | 下载安装“腾讯为村”App并关注“腾讯为村”微信公众号,以村民或游客身份注册浏览平台,熟悉相关服务内容和功能,如果是村民身份则可以参与并开展村庄日常社交活动。 |
| 任务流程 | | 步骤1:阅读案例材料。<br>步骤2:“腾讯为村”平台操作实践。<br>步骤3:阅读知识链接。<br>步骤4:小组讨论。<br>步骤5:拓展应用。 |
| 学习产出 | | 1. 小组讨论发言。<br>2. 应用实践。 |
| 评价反馈 | | 结合课堂讲解和网络平台资源完成任务,评价指标详见教材活页8-4-3,任务要点:<br>1. 完成App安装、关注微信公众号和使用。<br>2. 能够在任务实施过程中指出任务存在的问题。<br>3. 对提出的问题能够结合理论和实践进行分析。<br>4. 提出合理化建议和意见。 |
| 附件 | | 1. 任务过程记录。<br>2. 任务考核评价表。<br>3. 知识链接——农村电子政务系统。 |

## 8-4-1 “腾讯为村”电子政务平台使用实践任务记录表

| 序号 | 任务内容 | 要点记录 | 完成时间 | 备注 |
|---|---|---|---|---|
| 1 | 教材内容阅读 | | | |
| 2 | 视频及其他材料 | | | |
| 3 | “腾讯为村”平台操作使用实践 | | | |
| 4 | 运营实践 | | | |

## 8-4-2 任务考核评价表

| 序号 | 评价指标 | 评价依据 | 评分标准 | 评价 |
|---|---|---|---|---|
| 1 | 工作态度 | 1. 教材内容阅读<br>2. 任务记录 | 见附录 | |
| 2 | 工作质量 | 1. 任务记录<br>2. 课堂互动<br>3. 软件实践<br>4. 实践运用 | 见附录 | |
| 3 | 过程评价 | 1. 过程记录完备<br>2. 过程记录具有思考性 | 见附录 | |
| 4 | 工作效率 | 任务完成时间记录排名 | 见附录 | |
| 5 | 交流交互 | 课堂环节和小组讨论具有交流交互 | 见附录 | |
| 6 | 创新思维 | 创新创意的实用性与实践性 | 见附录 | |
| 7 | 安全意识 | 实践过程中的人身安全与硬软件设施安全防护 | 见附录 | |
| 总分 | | | | |

## 8-4-3 知识链接

### 农村电子政务系统

**1. 乡镇电子政务系统**

(1)乡镇电子政务的概念。乡镇是我国最基层的一级政权组织,全国有近4万个乡镇。乡镇电子政务是传统电子政务在乡镇一级的延伸,是以互联网为传播媒体、以乡镇为地理单元的农村信息化系统。乡镇电子政务是农村信息化的核心,以面向农民需求为主。

(2)乡镇电子政务系统布局。根据乡镇政府的工作流程和业务特点,国家农业信息化工程中心研发了乡镇和村级电子政务系统,设内网、外网和专网。外网实现信息发布功能,主要包括信息发布、网上报表、登记申报及审批、网上人才招聘、招商引资、采购招标、虚拟社区、信访投诉等功能;内网为政府内部办公系统,主要包括公文处理、信息处理、日程安排、批示管理、工作流程定制、报表管理信息查询、系统维护等功能;而专网可以整合各种管理系统,实现上、下级机关或相关单位的资源共享。乡镇电子政务系统结构布局包括乡镇综合信息门户、乡镇政务系统、社区信息化系统、农村信息化系统、教育信息化系统和乡镇企业信息化和电子商务系统。

(3)小城镇移动电子政务系统。为了满足小城镇政府工作人员在地域分散的农村地区实地办公需要,基于无线通信技术、GPS全球定位技术和嵌入式开发技术集成,以低成本PDA、智能手机等移动终端设备为运行平台,国家农业信息化工程技术研究中心开发完成了小城镇移动电子政务系统。该系统可实现农村经济、社会人文等信息的在线和离线查询,政务工作的现场审批处理,突发事件现场信息采集与上传,终端位置的实时定位与跟踪等远程办公事务处理,为基层政府工作人员乡下现场办公的实现提供了工具基础。

**2. 村级电子政务系统**

村级电子政务系统又被称为电子村务。村务主要是指农村里涉及国家的、集体的、村民公共利益以及村民管理、社区管理等事务。电子村务是由电子政务发展而来的,是电子政务在乡村中的应用和延伸,是通过计算机和网络实现村务管理以及信息服务的现代化,为村民提供优质、规范、透明的信息服务系统。国家农业信息化工程技术研究中心研发的村级电子政务管理系统,包括如下三部分。

(1)村务办公自动化子系统。对村级具体事务进行管理,将每个部门、机构的人员构成、职责、工作制度等信息进行发布,划分为党支部、村委会和经济合作社等三大办公管理部门。

(2)村务公开子系统。以网站的形式向村民公开村务情况,包括财务账目、干部工资奖金、宅基地审批、集体资产经营、承包合同兑现、计划生育指标、补助扶贫、社员大会决议、奋斗目标、综合整治情况、难点热点、文明建设与规划等。

(3)村级信息门户网站。突出信息服务和社区服务内容,重点围绕农村生活、农业生产等进行设置,包括村情宣传、网上交易、网上信息查询、信息发布、村务管理等。

# 附录

## 任务考核评价表

| 序号 | 评价指标 | 评价依据 | 评分标准 | 评价 |
| --- | --- | --- | --- | --- |
| 1 | 工作态度 | 1. 教材内容阅读<br>2. 小组讨论<br>3. 学习报告 | 1. 优秀 19～20 分<br>完成任务超过任务量 150%。<br>2. 良好 16～18 分<br>完成任务超过任务量 120%。<br>3. 中等 13～15 分<br>完成任务达到任务量 100%。<br>4. 及格 10～12 分<br>完成任务达到任务量 80%。<br>5. 差 0～9 分<br>完成任务不足任务量 80%。 | |
| 2 | 工作质量 | 1. 过程记录<br>2. 课堂互动<br>3. 讨论发言<br>4. 学习报告 | 1. 优秀 26～30 分<br>任务合格率 90% 以上；学习兴趣强烈；互动积极；提出独特创新见解；报告规范。<br>2. 良好 21～25 分<br>任务合格率 80% 以上；学习兴趣较高；互动积极；报告规范。<br>3. 中等 16～20 分<br>任务合格率 70% 以上；回答问题基本正确；参与讨论发言；报告基本规范。<br>4. 及格 10～15 分<br>任务合格率 60% 以上；能参与互动讨论，完成报告。<br>5. 差 0～9 分<br>任务合格率 60% 以下；无法完成报告。 | |

续表

| 序号 | 评价指标 | 评价依据 | 评分标准 | 评价 |
| --- | --- | --- | --- | --- |
| 3 | 过程评价 | 1. 过程记录完备<br>2. 过程记录具有思考性 | 1. 优秀 19～20 分<br>任务过程记录完整,且有独立思考结论。<br>2. 良好 16～18 分<br>具有完整的任务过程记录,且具有一定观点。<br>3. 中等 13～15 分<br>任务过程记录基本完整,且具有一定观点。<br>4. 及格 10～12 分<br>任务过程记录基本完整,但不具有独立思考观点。<br>5. 差 0～9 分<br>任务过程记录不完整,但没有独立思考观点。 | |
| 4 | 工作效率 | 任务完成时间记录排名 | 1. 优秀 9～10 分<br>时间记录在 TOP 5% 以上。<br>2. 良好 7～8 分<br>时间记录在 TOP 15% 以上。<br>3. 中等 5～6 分<br>时间记录在 TOP 20% 以上。<br>4. 及格 3～4 分<br>时间记录在 TOP 30% 以上。<br>5. 差 0～2 分<br>时间记录在 TOP 30% 以下。 | |
| 5 | 交流交互 | 课堂环节和小组讨论具有交流交互 | 1. 优秀 9～10 分<br>有交流交互记录在 10 次以上。<br>2. 良好 7～8 分<br>有交流交互记录在 8 次以上。<br>3. 中等 5～6 分<br>有交流交互记录在 6 次以上。<br>4. 及格 3～4 分<br>有交流交互记录在 4 次以上。<br>5. 差 0～2 分<br>有交流交互记录在 4 次以下。 | |
| 6 | 创新思维 | 创新创意的实用性与实践性 | 满分 10 分,每获得一条有一定实践可能价值的创新创意,加 2 分,直至加满。 | |
| 总分 | | | | |